DEUTSCHE AKADEMIE DER WISSENSCHAFTEN ZU BERLIN

Veröffentlichungen der Sternwarte Babelsberg

Band XIV, Heft 4

MIKROMETERMESSUNGEN VON DOPPELSTERNEN IN DEN JAHREN 1959–1961

bearbeitet von

KARL HEINRICH HINTZE

AKADEMIE-VERLAG · BERLIN

1963

Erschienen im Akademie-Verlag GmbH, Berlin W 8, Leipziger Straße 3—4

Lizenznummer: 202 · 100/489/63
Gesamtherstellung: VEB Druckerei „Thomas Müntzer" Bad Langensalza
Bestellnummer: 2077/11 · ES 18 D 3 · Preis: DM 5,—

EINLEITUNG

Die vorliegende Veröffentlichung enthält die Ergebnisse von Doppelsternmessungen, die in der Zeit von 1959 Januar bis 1961 November von J. Dick (d), K. H. Hintze (hi), M. Lange (la) und H. Pauscher (p) mit dem Positionsfadenmikrometer des Babelsberger 65 cm-Refraktors erhalten wurden.

Jedes Objekt wurde nach Möglichkeit an vier Abenden gemessen, wobei die Einzelbeobachtung aus sechs Positionswinkeln und vier Doppeldistanzen bestand. Die Messungen erfolgten bei schwach roter Feldbeleuchtung mit dunklem Mikrometerfaden möglichst in der Nähe des Meridians. Der Revolutionswert der Mikrometerschraube war aus Messungen der Deklinationsdifferenz eines Bogens der Leidener Zone und des Bogens h Persei zu 13"234 bestimmt worden. Die Ermittlung der Nullpunktskorrektion des Positionskreises erfolgte mittels eines von H. Struve angegebenen Verfahrens, die Anbringung der differentiellen Refraktion erwies sich nur in Ausnahmefällen als notwendig.

Die Art der Anordnung entspricht genau der in den Veröffentlichungen der Sternwarte Babelsberg Band XIII, Heft 2, auf die darum hier verwiesen werde. Frau M. Siebert bin ich für die vorbildliche Anfertigung der Offsetdruckvorlagen sowie Frau M. Hintze für die tatkräftige Hilfe bei der Reduktion und Kartierung und für das Lesen der Korrektur zu großem Dank verpflichtet.

Potsdam-Babelsberg, im Juni 1962

Karl Heinrich Hintze

ADS	Name		Bb	Ep 1900+	1950.0 α δ	p	s	Bd	t	Auge	Vgr	Bemerkungen
61	Σ	3062	hi	59.747	00^{h}03^m.5 +58°09'	241°.0	1".13	2	+ 0^h.6	:	580	zerfließend
				.887		240.3	1.31	2	+ 0.1	..	580	unruhig
				.895		239.9	1.34	2-1	+ 0.3	..	580	unruhig
				59.843		240.4	1.26				3n	
			p	59.747		240.0	1.30	2	+ 0.2	..	580	zerfließend
				.884		240.0	1.32	3-2	+ 1.4	..	580	verschmiert
				.887		239.3	1.23	3	+ 0.7	..	580	unruhig
				.895		240.3	1.29	1-2	+ 0.6	..	580	verblasen
				59.853		240.0	1.28				4n	
			d	60.949		246.1	1.36	2-3	+ 1.7	:	580	tanzend
			hi	60.853		242.4	1.25	1	+ 0.6	..	580	unruhig
				.867		241.3	1.19	2-3	+ 0.4	..	580	Dunst
				.872		242.5	1.19	1-2	+ 1.0	..	580	verblasen
				60.864		242.1	1.21				3n	
			p	60.853		242.0	1.35	2	+ 0.8	..	580	verblasen
				.867		241.3	1.13	2	+ 0.2	..	580	zerfließend
				.872		241.4	1.27	1-2	+ 1.2	..	580	kaum getrennt
				.949		244.9	1.47	1-3	+ 1.4	:	580	wechselhaft
				60.885		242.4	1.30				4n	
			hi	61.790		245.8	1.34	2	+ 0.3	..	580	Dunst
				.828		245.6	1.39	2-1	+ 0.2	..	580	unruhig
				.836		245.5	1.42	3-2	+ 0.1	..	580	ruhig
				.883		244.5	1.25	2-1	+ 0.7	..	580	Dunst
				61.834		245.4	1.35				4n	
			la	61.776		247.0	1.31	4	+ 0.8	..	580	
				.790		247.4	1.25	2	+ 0.4	..	580	
				.828		248.0	1.19	2-3	+ 0.4	..	580	
				.836		248.0	1.31	2	+ 0.3	..	580	wechselnd
				61.808		247.6	1.26				4n	
			p	61.776		245.2	1.38	2-3	+ 1.0	..	580	verschmiert
				.790		245.9	1.28	2	+ 0.1	..	580	strahlig
				.836		244.7	1.34	2	+ 0.9	..	580	verschmiert
				.883		244.9	1.34	2	+ 0.5	..	580	wechelnd
				61.821		245.2	1.34				4n	
207	Σ	13	hi	61.836	00 13.4 +76 40	65.4	0.89	2-1	+ 0.7	..	830	unruhig
			p	61.836		63.6	0.94	1-2	+ 1.3	..	830	verschmiert
296AB	OΣ	7	p	59.887	00 18.9 +66 11	129.0	0.71	2	+ 0.9	..	580	länglich
963Aa	β	235	d	59.035	01 07.6 +50 45	111.6	1.08	1	+ 2.9	..	580	kaum getrennt
			hi	59.911		117.1	1.10	1	+ 0.1	..	580	verblasen
			p	59.013		114.0	0.93	2-3	+ 2.4	:	580	verschmiert
				.035		118.0	1.25	1	+ 2.7	..	580	kaum getrennt
				.044		116.6	1.09	1-2	+ 2.1	..	580	verschmiert
				.068		116.8	1.18	2-3	+ 3.2	..	580	verschmiert
				59.040		116.4	1.11				4n	
			hi	60.853		118.0	1.07	2	+ 0.2	:	580	ruhig
				.867		117.6	1.13	3	+ 0.3	..	580	ruhig
				60.860		117.8	1.10				2n	
			p	60.853		116.6	1.26	2-3	+ 0.3	..	580	verblasen
				.867		118.2	1.19	2	+ 0.5	..	580	zerfließend
				60.860		117.4	1.22				2n	
			hi	61.067		119.4	1.06	2-3	+ 3.2	..	580	tanzend
				.836		118.9	1.06	2-1	+ 0.6	..	580	unruhig
				.883		117.5	1.05	3-2	+ 0.9	..	580	Dunst
				61.595		118.6	1.06				3n	
			la	61.836		120.6	1.00	2	+ 0.8	..	830	unruhig
			p	61.067		118.8	1.11	3-4	+ 3.1	:	580	scharf
				.070		117.4	----	0	+ 3.1	..	580	schlecht
				.836		118.9	1.11	1-2	+ 1.0	..	830	verschmiert
				61.324		118.4	1.11				3n	
1359	β	870	p	61.067	01 41.0 +57 17	15.1	0.90	3-4	+ 2.9	..	580	brauchbar
1538	Σ	186	hi	60.872	01 53.3 +01 36	52.6	1.39	2	- 0.2	..	580	zerfließend
				.949		50.7	1.49	2	+ 0.2	..	580	unruhig
				60.910		51.6	1.44				2n	

ADS	Name		Bb	Ep 1900+	1950.0 α	δ	p	s	Bd	t	Auge	Vgr	Bemerkungen
1538	Σ	186	p	60.872	$01^h53^m.3$	+01°36'	49°8	---	1	0	..	580	Wolken
				.949			51.8	---	1	+ 0.4	..	580	Wolken
				60.910			50.8	---				2n	
			hi	61.883			54.2	1.55	2-1	- 0.3	..	580	zerfließend
				.888			53.4	1.59	1	- 0.9	..	580	Nebel
				.894			53.7	1.53	1	- 1.7	..	580	tanzend
				61.888			53.8	1.56				3n	
			la	61.883			52.9	1.59	2-3	- 0.6	..	580	sehr wechselnd
				.888			52.4	1.51	2	- 0.7	..	580	sehr wechselnd
				.894			52.5	1.51	2	- 1.4	..	580	schwierig
				61.888			52.6	1.54				3n	
			p	61.894			51.8	1.50	1-2	- 1.2	..	580	verschmiert
1786	Σ	248	d	59.082	02 17.9	+42 33	125.0	0.71	2-3	+ 4.2	..	580	sehr schwierig
			p	59.082			122.0	0.66	3	+ 3.7	..	580	zerfließend
2034	OΣ	43	d	59.044	02 37.8	+26 25	27.6	1.30	1	+ 3.2	:	580	verblasen
			hi	59.887			21.6	0.96	1	- 0.3	..	580	unruhig
				.895			21.6	1.06	2	- 0.8	..	580	Dunst
				59.891			21.6	1.01				2n	
			p	59.044			22.8	1.10	1-2	+ 1.5	:	580	verschmiert
				.887			23.7	0.90	2	- 0.2	:	580	kaum getrennt
				.895			19.6	1.10	1	- 0.6	:	580	kaum getrennt
				59.609			22.0	1.03				3n	
2436AB	OΣ	52	d	59.079	03 13.1	+65 29	87.2	0.48	4	+ 2.3	:	830	recht sicher
			hi	59.167			87.8	0.38	5-4	+ 3.4	:	1160	fast ruhig
			p	59.079			89.6	0.35	4-5	+ 2.1	..	830	ruhig
				.167			87.0	0.29	5-4	+ 3.0	:	1160	etwas bewegt
				59.123			88.3	0.32				2n	
2628	β	533	d	59.082	03 32.5	+31 31	44.6	1.18	3	+ 1.9	:	580	sehr unruhig
				.106			45.2	1.24	2	+ 1.9	:	580	blasig
				.109			45.8	0.93	3-2	+ 2.2	:	580	stark wechselnd
				59.099			45.2	1.12				3n	
			p	59.082			45.2	0.97	3-4	+ 1.7	:	580	zerfließend
				.106			43.3	0.93	3-2	+ 1.2	:	580	unruhig
				.109			45.1	0.94	3-2	+ 1.5	:	580	wechselnd
				.112			45.4	0.93	2	+ 1.3	:	580	verschmiert
				.120			44.4	0.93	3	+ 1.8	:	580	etwas verblasen
				59.106			44.7	0.94				5n	
2963	Σ	460	d	59.079	04 01.4	+80 34	92.6	0.80	3	+ 1.0	..	830	wechselnd
				.106			91.3	0.78	2	+ 2.1	..	580	tanzend
				.123			93.5	0.74	3	+ 2.2	..	580	tanzend
				59.103			92.5	0.77				3n	
			p	59.079			93.4	0.78	4-3	+ 0.8	..	830	zerfließend
				.106			97.3	0.69	1-2	+ 1.8	:	580	verblasen
				.120			91.9	0.79	1-0	+ 1.9	:	580	verschmiert
				.123			96.3	0.74	2	+ 1.9	:	580	zerfließend
				59.107			94.7	0.75				4n	
3169	OΣ	82	d	59.123	04 19.9	+14 56	18.6	1.46	3-2	+ 2.9	:	580	gut
			p	59.123			16.5	0.99	2-3	+ 2.7	:	580	Dunst
3174	Σ	535	d	59.035	04 20.5	+11 16	305.8	1.39	1-0	+ 0.5	..	580	selten getrennt
				.044			301.0	--	1-0	+ 1.0	..	580	fast wertlos
				.079			304.5	1.34	3-2	+ 0.2	..	830	
				.082			303.7	1.43	3-4	+ 0.4	..	580	brauchbar
				59.060			303.8	1.39				4n	
			p	59.044			301.8	1.55	1	+ 0.7	..	580	verschmiert
				.068			302.8	1.43	1	+ 0.5	..	580	stark verschmiert
				.079			305.4	1.31	3-4	- 0.2	..	830	unruhig
				.082			303.6	1.39	3	+ 0.2	..	580	zerfließend
				59.068			303.4	1.38				4n	
			hi	61.127			305.4	1.33	4	+ 1.9	:	580	gut
				.132			302.9	1.47	4	+ 1.5	:	580	ruhig
				61.130			304.2	1.40				2n	
			p	61.127			302.1	1.45	2-1	+ 2.1	..	580	verschmiert
				.132			301.4	1.40	3-4	+ 1.6	..	580	ruhig und gut
				61.130			301.8	1.42				2n	

ADS	Name	Bb	Ep 1900+	1950.0 α δ	p	s	Bd	t	Auge	Vgr	Bemerkungen
3264	Σ 554	d	59.123	$04^h27^m.3$ $+15^\circ32'$	$25^\circ.6$	$1''.88$	3	+ $2^h.3$	:	580	Windstörung
		p	59.123		23.3	1.44	3	+ 2.1	:	580	brauchbar
		d	60.109		22.2	1.54	2	+ 2.0	:	830	tanzend
		hi	60.109		25.9	1.59	2	+ 2.3	:	580	tanzend
		p	60.109		21.8	1.43	2-1	+ 2.5	:	580	zerfließend
3330	Σ 567	hi	61.034	04 33.8 +19 24	335.5	2.00	3	+ 0.8	..	580	unruhig
			.174		335.9	1.89	2-1	+ 2.5	..	580	brauchbar
			.185		333.0	2.13	4	+ 2.7	..	830	Schlieren
			61.131		334.8	2.01				3n	
		p	61.174		339.8	2.03	1-0	+ 2.2	..	580	stark verschmiert
			.185		333.4	1.95	4-5	+ 2.4	..	830	schwierig
			61.180		336.6	1.99				2n	
3390	Σ 577	d	61.146	04 38.8 +37 25	36.9	1.47	3-1	+ 2.2	:	580	kaum getrennt
		hi	61.127		36.8	1.22	2-1	+ 2.1	..	580	verschmiert
			.132		36.5	0.94	3	+ 2.7	..	580	unruhig
			.157		37.5	1.18	1	+ 2.5	..	580	tanzend
			.174		36.9	1.17	2	+ 2.8	:	580	selten getrennt
			61.148		36.9	1.13				4n	
		p	61.127		36.8	1.28	3-4	+ 2.3	..	580	ruhig
			.132		35.6	1.11	2	+ 2.8	:	580	verschmiert
			.144		37.8	---	1-0	+ 1.7	..	580	schlecht
			.146		38.3	1.31	2-3	+ 1.9	:	580	verschmiert
			.157		34.3	1.13	1-2	+ 2.0	:	580	verschmiert
			61.141		36.6	1.21				5n	
3672	OΣ 95	d	59.109	05 02.6 +19 44	309.9	0.88	2-3	+ 1.2	..	580	verschwimmend
			.175		311.8	1.06	3	+ 2.3	..	580	Wolken
			59.142		310.8	0.97				2n	
		hi	59.158		312.0	0.82	3-2	+ 1.3	:	580	Dunst
			.175		314.8	0.96	3-2	+ 2.1	..	580	Wolken
			59.166		313.4	0.89				2n	
		p	59.109		309.0	0.97	2	+ 1.6	..	580	verschmiert
			.112		310.0	1.08	3	+ 0.9	..	580	verschmiert
			.120		310.0	0.86	3-4	+ 1.6	..	580	gut
			.158		309.4	0.87	3-4	+ 1.5	..	580	ruhig
			59.125		309.6	0.94				4n	
		hi	61.179		309.1	0.98	4-3	+ 1.8	..	580	Dunst
			.182		311.5	0.88	4-2	+ 1.7	..	830	tanzend
			.185		309.2	1.10	4-3	+ 2.7	..	830	unruhig
			.187		307.9	0.93	5	+ 2.2	..	830	ruhig und gut
			61.183		309.4	0.97				4n	
		p	61.127		308.4	1.01	2-1	+ 0.8	..	580	verschmiert
			.179		308.3	0.89	3-4	+ 1.6	..	580	zitternd
			.182		309.1	---	1-0	+ 1.9	..	580	Wolken
			.185		308.7	1.09	4	+ 2.4	..	830	etwas unruhig
			.187		308.5	0.96	4-5	+ 2.0	..	830	ruhig und gut
			61.172		308.6	0.99				5n	
3956	Σ 677	hi	60.106	05 20.0 +63 21	183.3	0.94	1	+ 3.0	:	580	verblasen
			.109		132.6	0.97	1	+ 0.4	:	830	zerfließend
			.180		180.7	0.90	3-2	+ 2.3	:	580	Windstörung
			.226		183.6	0.90	2	+ 3.3	:	580	schwierig
			60.155		182.6	0.93				4n	
		p	60.106		182.2	1.03	1-2	+ 3.3	..	580	verschmiert
			.109		184.8	0.80	3-4	+ 0.6	:	830	etwas verblasen
			.180		182.2	0.71	3-4	+ 2.0	:	580	tanzend
			.202		180.2	0.97	1-2	+ 2.2	..	580	zerfließend
			60.149		182.4	0.88				4n	
		hi	61.185		182.1	1.01	5	+ 2.8	..	830	ruhig und gut
			.187		181.3	0.87	4	+ 2.4	..	830	ruhig
			61.186		181.7	0.94				2n	
		p	61.185		182.6	1.01	4-5	+ 2.6	..	830	ruhig und gut
			.187		183.1	0.97	4-5	+ 2.5	..	830	Nebel
			61.186		182.8	0.99				2n	
4032	Ho 226	p	59.076	05 23.9 +27 34	252.7	0.79	4	+ 1.4	:	830	verschwimmend
			.120		253.9	0.75	3-4	+ 1.5	..	580	ruhig und gut
			.175		251.4	0.74	2-3	+ 1.4	..	580	zerfließend
			59.124		252.7	0.76				3n	

ADS	Name	Bb	Ep 1900+	1950.0 α δ	p	s	Bd	t	Auge	Vgr	Bemerkungen
4115	Σ 728	d	59.079	$05^h28^m.1$ $+05^\circ55'$	52°.1	0".73	2	+ 1ʰ.0	:	830	tanzend
		p	59.079		55.0	0.62	1-0	+ 1.3	:	830	verschwimmend
4208AB	Σ 749	hi	61.124	05 34.0 +26 54	333.3	1.16	2	+ 1.7	:	580	unruhig
		p	61.124		333.4	1.43	2-3	+ 1.8	..	580	tanzend
4243	OΣ 112	hi	61.179	05 36.5 +37 56	56.2	0.69	3	+ 1.7	:	830	ruhig
			.187		57.7	0.72	4	+ 2.7	:	830	ruhig
			61.183		57.0	0.70				2n	
		p	61.179		57.8	0.68	4-3	+ 1.5	:	830	ruhig
			.187		57.0	0.70	4	+ 2.8	:	830	Dunst
			61.183		57.4	0.69				2n	
4371	β 560	d	59.079	05 44.2 +29 39	137.5	1.42	4-5	+ 0.4	..	830	gut
		p	59.068		135.6	1.51	3	+ 0.4	:	580	verschleiert
			.076		134.8	1.39	4-5	+ 0.3	..	580	gut
			.079		137.0	1.35	4-5	+ 0.1	..	830	ruhig
			.112		136.2	1.28	3-4	- 0.1	..	580	ruhig
			59.084		135.9	1.38				4n	
		d	61.146		135.5	1.45	3	+ 1.7	..	580	brauchbar
		hi	61.034		137.0	1.37	3	+ 0.1	..	580	gut
			.070		135.7	1.44	2	- 1.0	:	580	unruhig
			.124		137.2	1.37	2-3	+ 0.9	..	580	unruhig
			61.076		136.6	1.39				3n	
		p	61.070		139.6	1.50	1	+ 0.1	:	580	Windstörung
			.124		135.9	1.45	3-2	+ 1.1	..	580	verschmiert
			.146		133.3	1.52	1-2	+ 1.5	..	580	schwer zu trennen
			61.113		136.3	1.49				3n	
4376	Σ 3115	d	59.189	05 44.4 +62 48	0.9	0.85	2	+ 2.4	..	580	verblasen
		hi	59.189		3.5	0.88	2	+ 2.1	..	580	Windstörung
		p	59.189		2.8	0.83	1	+ 1.8	..	580	verschmiert
		d	60.109		0.4	0.90	2-3	+ 1.1	:	580	unsicher
		hi	60.109		1.6	0.83	3-2	+ 0.6	:	580	tanzend
			.180		2.4	1.00	3	+ 2.3	..	580	unruhig
			60.144		2.0	0.92				2n	
		p	60.106		2.6	0.83	1-2	+ 0.6	:	580	zerfließend
			.109		2.8	1.04	2-3	+ 1.1	..	580	zerfließend
			.180		1.7	0.87	3	+ 2.1	..	580	tanzend
			.224		0.9	1.00	1-2	+ 2.8	..	580	verschmiert
			60.155		2.0	0.94				4n	
		hi	61.185		0.4	0.95	4	+ 3.3	..	830	ruhig
		p	61.185		0.1	1.05	4-3	+ 3.1	..	830	strahlig
4390	Σ 795	d	59.082	05 45.3 +06 26	213.0	1.38	2	+ 0.7	:	580	springend
			.186		210.8	1.57	1	+ 1.5	:	580	tanzend
			.189		211.0	1.35	1	+ 1.6	:	580	Windstörung
			59.152		211.6	1.43				3n	
		hi	59.158		209.9	1.41	2	+ 1.1	:	580	unruhig
			.186		212.5	1.24	2-1	+ 1.7	:	580	brauchbar
			.189		211.0	1.27	2	+ 1.7	:	580	Windstörung
			.194		212.2	1.26	1	+ 0.3	:	580	verblasen
			59.182		211.4	1.30				4n	
		p	59.068		212.1	1.30	2	- 0.3	:	580	verschmiert
			.076		212.0	1.15	4	- 0.2	:	580	gut
			.082		212.6	1.15	2	+ 0.4	:	580	zerfließend
			.112		210.3	1.28	3	- 0.4	:	580	ruhig
			59.084		211.8	1.22				4n	
		hi	60.106		209.2	1.21	1	- 0.1	:	580	verblasen
			.133		210.9	1.23	2-1	+ 0.6	..	580	Dunst
			.155		210.8	1.20	2-3	+ 1.0	..	580	tanzend
			60.131		210.3	1.21				3n	
		p	60.106		210.9	1.22	2-1	+ 0.1	:	580	verschmiert

ADS	Name		Bb	Ep 1900+	1950.0 α	δ	p	s	Bd	t	Auge	Vgr	Bemerkungen
4390	Σ	795	hi	61.124	$05^{h}45^{m}.3$	$+06^{\circ}26'$	$209^{\circ}.6$	1".22	3	$+ 0^{h}.3$	..	580	gut
				.132			212.4	1.16	4	+ 0.5	:	580	strahlig
				61.128			211.0	1.19				2n	
			p	61.124			213.1	1.32	3-4	+ 0.5	:	580	sprühend
				.132			211.1	1.14	3	+ 0.7	:	580	ruhig
				61.128			212.1	1.23				2n	
4472	β	1053	d	59.079	05 50.1	+37 20	351.7	1.55	2-3	+ 1.3	:	830	unruhig
			p	59.068			351.4	1.30	3	- 0.1	:	580	verschmiert
				.079			351.8	1.31	2-3	+ 1.5	:	580	verschwindend
				.112			352.3	1.34	1	+ 0.4	:	580	verschmiert
				.120			350.6	1.26	3	+ 0.5	:	580	zerfließend
				59.095			351.5	1.30				4n	
			hi	61.127			347.8	1.52	2	+ 1.3	:	580	brauchbar
				.190			349.5	1.37	2-1	+ 1.2	..	580	unruhig
				61.158			348.6	1.44				2n	
			p	61.124			346.3	1.63	3	+ 2.3	..	580	verschmiert
5296	Σ	945	p	60.109	06 36.8	+41 01	292.1	0.4	3	+ 1.7	..	830	Distanz geschätzt
5400AB	Σ	948	d	59.246	06 41.8	+59 30	93.7	1.30	1	+ 1.7	..	580	schlecht
				.254			91.6	1.89	2	+ 3.2	..	580	verblasen
				.257			90.8	1.88	3-4	+ 4.1	..	580	recht gut
				59.253			92.0	1.69				3n	
			hi	59.170			92.0	1.59	3	+ 0.2	:	580	unruhig
				.194			91.7	1.60	2	+ 1.0	..	580	unruhig
				.216			92.0	1.54	3	+ 2.4	:	580	tanzend
				.246			93.2	1.93	2-1	+ 1.5	..	580	unsicher
				59.206			92.2	1.66				4n	
			p	59.170			89.0	1.62	4-3	+ 0.4	..	580	tanzend
				.194			91.4	1.62	1	+ 0.7	:	580	verblasen
				.213			89.3	1.40	3	+ 2.1	:	580	Dunst
				.219			90.3	1.48	1	+ 2.0	:	580	schlecht
				59.199			90.0	1.53				4n	
			hi	60.106			92.1	1.64	2	+ 0.4	..	580	tanzend
				.125			95.7	1.72	2-1	+ 0.3	..	580	unruhig
				.133			89.4	1.75	2-1	+ 0.7	..	580	Dunst
				.139			90.8	1.76	1	+ 0.4	..	580	verschmiert
				60.126			92.0	1.72				4n	
			p	60.106			89.1	1.86	2-3	+ 0.5	..	580	zerfließend
				.125			89.5	1.77	1	+ 0.4	..	580	verschmiert
				.133			89.6	1.82	2-1	+ 0.4	..	580	verschmiert
				.139			88.6	1.94	1	+ 0.5	..	580	kaum brauchbar
				60.126			89.2	1.85				4n	
			d	61.146			90.2	1.91	2-3	+ 2.3	:	580	tanzend
				.157			92.4	1.91	1	+ 0.1	:	580	schlecht
				61.152			91.3	1.91				2n	
			hi	61.124			90.7	1.80	2	+ 2.0	..	580	verschmiert
				.157			90.3	1.61	1	+ 0.9	:	580	unruhig
				.165			91.1	1.67	3	+ 1.2	:	580	brauchbar
				61.149			90.7	1.69				3n	
			p	61.146			89.2	1.59	2	+ 2.1	:	580	tanzend
				.157			89.6	1.54	2-1	+ 0.7	:	580	verschmiert
				.171			89.3	1.98	1	+ 1.0	..	580	kaum brauchbar
				61.158			89.4	1.70				3n	
5423	AGC	1	p	60.226	06 43.0	-16 39	87.2	8.42	2	+ 1.4	..	580	unruhig
				.246			85.4	---	1	+ 1.0	..	580	Wolken
				.256			90.3	8.91	2	+ 1.6	..	420	sehr schwierig
				60.243			87.6	8.66				3n	
5447	OΣ	156	hi	59.167	06 44.5	+18 15	265.0	0.64	4	+ 0.5	..	1160	brauchbar
			p	59.076			262.9	0.59	4-5	+ 0.5	..	830	sehr gut
				.158			263.6	---	4	+ 0.4	..	830	Distanz nicht meßbar
				.167			263.3	0.46	4	+ 0.3	..	1160	leicht bewegt
				59.134			263.3	0.52				3n	
5586AB	OΣ	159	hi	60.180	06 53.0	+58 29	32.4	0.93	2	+ 1.8	:	580	Windstörung
				.226			34.0	0.86	4-3	+ 2.3	..	830	verschmiert
				.256			35.6	0.87	2	+ 2.2	..	580	tanzend
				60.221			34.0	0.89				3n	

ADS	Name	Bb	Ep 1900+	1950.0 α δ	p	s	Bd	t	Auge	Vgr	Bemerkungen
5586AB	OΣ 159	p	60.133	$06^h53^m.0$ $+58^\circ29'$	$35^\circ.3$	$0''.71$	1	$+ 0^h.8$	..	580	verschmiert
			.180		31.0	0.89	2	+ 1.6	..	580	verschmiert
			.226		33.6	0.87	3-4	+ 2.0	..	830	zitternd
			.256		32.4	0.78	1	+ 2.3	..	580	tanzend
			60.199		33.1	0.81				4n	
		hi	61.179		32.3	0.82	3	+ 1.0	:	830	strahlig
			.182		34.8	0.93	4-3	+ 0.5	..	830	tanzend
			.185		32.1	0.99	3	+ 2.8	:	830	unruhig
			.187		35.9	0.78	3	+ 2.0	:	830	strahlig
			61.183		33.8	0.88				4n	
		p	61.179		31.4	0.78	3	+ 0.8	:	830	Dunst
			.182		32.9	0.88	3	+ 0.6	..	830	strahlig
			.185		35.8	0.70	2	+ 3.0	:	830	verschmiert
			.187		35.1	0.74	3-4	+ 2.2	:	830	strahlig
			61.183		33.8	0.78				4n	
5871AB	Σ 1037	d	59.216	07 09.7 +27 19	329.5	1.06	2	+ 1.6	..	580	schwierig
		hi	59.158		334.0	1.21	1	+ 1.6	..	580	verschmiert
			.167		327.6	1.16	2	+ 1.4	:	580	gut
			.216		328.6	1.10	2	+ 1.5	:	580	Dunst
			.227		329.7	1.26	2	+ 1.3	..	580	schwierig
			59.192		330.0	1.18				4n	
		p	59.068		333.5	1.41	3	- 0.1	..	580	verschmiert
			.076		328.1	1.15	4	+ 1.6	..	830	zerfließend
			.158		327.5	1.30	3-2	+ 1.8	..	580	wechselnd
			.167		329.4	1.10	4-5	+ 1.2	..	580	sicher
			59.117		329.6	1.24				4n	
5958	OΣ 170	d	59.170	07 14.9 +09 23	95.2	1.55	4-3	+ 0.3	..	580	gut
			.186		95.9	1.50	1	+ 0.7	..	580	brauchbar
			.189		95.0	1.39	1-0	+ 1.7	..	580	schlecht
			59.182		95.4	1.48				3n	
		hi	59.145		94.7	1.59	2-1	0	..	580	sehr unruhig
			.158		96.4	1.46	3	+ 0.2	..	580	Dunst
			.170		94.0	1.46	3	+ 0.2	..	580	ruhig
			.186		96.0	1.51	2-1	+ 0.9	..	580	kaum getrennt
			.213		94.7	1.37	3	+ 1.3	..	580	ruhig
			59.174		95.2	1.50				5n	
		p	59.068		94.0	1.46	3	- 0.5	..	580	verschmiert
			.145		95.3	1.58	1	- 0.2	..	580	tanzend
			.158		93.6	1.44	4	+ 0.4	..	580	gut
			.170		93.7	1.51	3-2	+ 0.6	..	580	etwas verschmiert
			59.135		94.2	1.50				4n	
		hi	60.202		93.4	1.36	2	+ 0.9	..	580	unruhig
		p	60.202		93.7	1.75	1-2	+ 1.1	..	580	zerfließend
		d	61.135		94.3	1.41	2	+ 1.3	..	580	sehr schwierig
6175AB	Σ 1110	d	59.219	07 31.4 +32 00	171.3	2.63	2	+ 0.1	:	420	mittelmäßig
		hi	59.158		172.6	2.60	2	- 0.3	:	580	verschmiert
			.213		170.0	2.46	4-3	- 0.2	:	580	etwas unruhig
			.219		169.6	2.11	3	0	:	420	tanzend
			59.197		170.7	2.39				3n	
		p	59.158		169.6	---	0	+ 0.9	:	420	schlecht
			.219		168.8	2.06	1-2	- 0.2	:	420	flammend
			.227		168.7	2.38	3	+ 0.2	:	420	unruhig
			.230		168.6	2.10	2	+ 0.2	:	420	verblasen
			59.208		168.9	2.18				4n	
6251AC		d	59.106	07 36.8 +05 22	13.24	119.05	4-3	- 0.5	:	420	sicher
			.109		13.18	119.39	3	- 0.2	:	420	brauchbar
			.123		13.27	119.14	4	+ 0.5	:	420	sehr gut
			.161		13.13	119.14	5	- 0.5	:	420	sehr sicher
			59.125		13.20	119.18				4n	
		hi	59.142		12.96	119.40	3-2	- 0.8	:	420	verblasen
			.145		12.91	119.93	2	- 1.0	:	420	verblasen
			.150		13.00	119.54	2-1	- 1.5	:	420	sehr unruhig
			59.146		12.96	119.62				3n	
		p	59.106		13.30	120.05	4	+ 0.4	:	420	gut
			.123		13.32	119.48	5	+ 1.2	:	420	sehr sicher
			.142		13.22	120.30	1	0	:	420	verschmiert
			59.124		13.28	119.94				3n	

ADS	Name	Bb	Ep 1900+	1950.0 α	δ	p	s	Bd	t	Auge	Vgr	Bemerkungen
6251AC		d	60.229	$07^h36^m.8$	$+05°22'$	$13°.35$	$121''.22$	2	$+0^h.4$	:	420	brauchbar
		d	61.135			12.80	122.19	2-1	- 0.2	:	420	blasend
			.144			13.15	121.75	2-1	+ 0.2	:	420	sehr schwierig
			61.140			12.98	121.97				2n	
6251AD		d	59.106			291.37	112.95	4-3	- 0.9	..	420	sicher
			.109			291.56	112.56	4-5	- 0.6	..	420	Begleiter sehr schwach
			.115			291.52	112.85	2	- 1.3	..	420	schwierig
			.123			291.57	111.97	5	+ 0.1	..	420	sehr schwach
			.161			291.44	112.63	5	+ 0.1	..	420	ausgezeichnet
			59.123			291.49	112.59				5n	
		p	59.106			291.37	113.02	4	0	..	420	mäßige Durchsicht
			.109			291.84	112.25	3	+ 0.4	..	420	sehr schwach
			.123			291.94	112.91	5	+ 0.9	..	420	sehr gut
			.142			292.06	112.82	2	- 0.4	..	420	brauchbar
			59.120			291.80	112.75				4n	
6263	Σ 1126	d	59.079	07 37.5	+05 21	162.1	1.12	2	+ 0.4	:	580	verschwimmend
			.123			162.6	1.12	3-2	+ 1.6	:	580	kaum getrennt
			.170			160.3	0.96	2	+ 0.7	:	580	selten getrennt
			.216			159.1	0.96	1-2	+ 0.4	:	580	noch brauchbar
			59.147			161.0	1.04				4n	
		hi	59.170			159.1	0.99	2	+ 0.5	:	580	brauchbar
			.213			159.1	0.93	3	+ 0.2	..	580	brauchbar
			.216			158.2	0.99	3	+ 0.2	..	580	ruhig
			.227			156.6	0.91	2-1	+ 0.5	..	580	unruhig
			59.206			158.2	0.96				4n	
		p	59.068			162.5	1.06	2-3	+ 0.5	..	580	verschmiert
			.076			160.2	0.86	3-4	0	:	830	verschwimmend
			.079			163.7	1.07	1-0	+ 0.1	..	580	Nebel
			.112			161.5	0.94	1	- 1.0	:	580	kaum getrennt
			59.084			162.0	0.98				4n	
		hi	60.106			156.5	0.97	3-2	+ 0.1	..	580	unruhig
			.254			160.8	1.03	1	+ 1.3	..	580	selten getrennt
			60.180			158.6	1.00				2n	
		p	60.106			162.8	0.96	1-2	+ 0.3	:	580	verschmiert
			.180			154.6	---	1	+ 1.4	..	580	Distanz nicht meßbar
			.226			162.4	0.93	1	+ 1.9	:	580	stark verschmiert
			.254			162.5	1.01	1-2	+ 1.0	:	580	kaum getrennt
			60.192			160.6	0.97				4n	
		hi	61.179			162.0	1.02	2	+ 0.9	:	580	verschmiert
			.182			160.2	1.12	2	+ 0.9	..	580	Dunst
			.187			161.9	1.05	3-2	+ 1.8	..	580	unruhig
			61.183			161.4	1.06				3n	
		p	61.179			165.6	1.03	2-3	+ 1.1	:	580	verschmiert
			.182			161.4	0.88	2	+ 1.1	:	580	tanzend
			.187			155.7	1.04	3-4	+ 2.0	..	580	wechselnd
			61.183			160.9	0.98				3n	
6454	Σ 1157	d	59.216	07 52.0	-02 40	220.0	0.81	2-1	+ 0.5	:	580	nur länglich
		hi	59.167			217.6	0.83	4	+ 0.3	:	580	ruhig
			.216			218.6	0.86	2	+ 0.4	:	580	selten getrennt
			59.192			218.1	0.84				2n	
		p	59.167			220.0	0.76	4	0	:	580	ruhig und gut
6532	Σ 1175	d	59.170	07 59.8	+04 18	247.0	1.39	2-1	+ 0.5	..	580	sehr schwach
			.219			255.6	1.37	2-1	+ 0.2	..	580	schwierig
			.254			250.3	1.47	3	+ 1.3	..	580	Wolken
			59.214			251.0	1.41				3n	
		hi	59.170			248.1	1.58	1	+ 0.8	:	580	selten getrennt
			.189			254.6	1.44	2	+ 0.6	..	580	schwierig
			.213			260.6	1.37	3	0	..	580	Dunst
			.219			253.2	1.48	2	+ 0.5	..	580	unruhig
			59,198			254.1	1.47				4n	
		p	59.068			255.0	1.74	2	- 0.2	..	580	verschmiert
			.120			253.9	1.49	3	- 0.1	..	580	tanzend
			.213			253.4	1.34	3-4	+ 0.2	..	580	ruhig
			.219			254.7	1.30	1-2	0	..	580	schwierig
			59.155			254.2	1.47				4n	
		p	60.202			254.9	---	1	+ 0.7	..	580	Distanz nicht meßbar

ADS	Name	Bb	Ep 1900+	1950.0 α δ	p	s	Bd	t	Auge	Vgr	Bemerkungen
6650AB	Σ 1196	p	59.068	08h09m.3 +17°48'	11°.0	1".22	2-1	+ 0h.1	:	580	Schlieren
			.076		7.9	0.97	3	+ 0.1	:	830	zerfließend
			.120		8.6	1.01	3	0	:	580	verblasen
			.123		9.6	0.95	3	+ 1.2	:	580	verschmiert
			59.097		9.3	1.04				4n	
		d	60.246		6.6	1.22	1	+ 0.2	:	580	schwierig
			.248		9.0	1.36	2	+ 2.7	:	580	tanzend
			60.247		7.8	1.29				2n	
		hi	60.224		6.0	1.00	2-3	+ 0.9	:	580	tanzend
			.226		7.6	0.93	2-1	+ 1.8	:	580	verschmiert
			.229		5.3	1.09	1	+ 0.5	:	580	unruhig
			.246		5.5	1.17	2-3	+ 0.5	:	580	brauchbar
			.248		7.2	1.14	1	+ 2.5	:	580	verschmiert
			60.235		6.3	1.07				5n	
		p	60.224		5.0	1.13	1	+ 1.1	:	580	verschmiert
			.226		5.4	0.90	3	+ 1.9	:	580	zitternd
			.246		5.7	0.92	2-3	+ 0.6	:	580	wallend
			.248		6.1	1.17	1	+ 2.8	:	580	zitternd
			60.236		5.6	1.03				4n	
		d	61.146		3.0	1.25	2-3	+ 0.3	:	580	tanzend
		hi	61.124		2.7	1.08	4	+ 1.4	:	580	recht gut
			.130		2.2	1.10	2	- 0.1	:	580	tanzend
			.179		2.4	1.07	3-4	+ 0.8	:	580	ruhig
			.182		1.0	1.09	3-2	- 0.3	:	580	Dunst
			61.154		2.1	1.08				4n	
		p	61.124		2.8	1.05	4	+ 1.5	:	580	strahlend
			.130		2.4	1.03	2-1	0	:	580	verschmiert
			.146		2.7	1.06	1-2	+ 0.1	..	580	sprühend
			.179		3.3	1.03	4	+ 0.9	:	580	gut
			61.145		2.8	1.04				4n	
6671	β 1244	d	59.161	08 11.2 +02 08	24.8	0.91	3-5	+ 1.3	:	580	gut und sicher
		hi	59.167		23.3	0.99	2	+ 1.0	:	580	Dunst
		p	59.120		22.0	0.89	3	+ 0.3	:	580	gut
			.167		24.6	0.71	4	+ 0.7	:	580	gut
			.282		23.2	0.68	1	+ 1.0	:	580	kaum getrennt
			59.190		23.3	0.76				3n	
7050AB	β 587	d	59.161	08 49.1 -06 59	129.9	1.11	4	+ 0.2	..	580	gut
7054	A 1584	d	60.246	08 49.4 +55 08	114.4	0.40	3-4	+ 0.5	:	580	länglich
		p	60.246		110.5	0.66	3-4	+ 0.7	:	580	schwierig
		p	61.283		111.9	0.46	4	+ 1.1	:	830	ruhig
			.308		114.9	0.50	2	+ 1.3	:	580	verblasen
			61.296		113.4	0.48				2n	
7203AB	Σ 1306	d	59.216	09 06.0 +67 20	23.2	2.42	1	+ 0.1	:	580	verblasen
			.282		20.9	2.34	3	+ 1.3	..	580	recht sicher
			59.249		22.0	2.38				2n	
		hi	59.167		20.2	2.09	2	+ 0.8	:	580	unruhig
			.216		20.9	2.17	2	+ 0.4	:	580	Dunst
			59.192		20.6	2.13				2n	
		p	59.076		21.6	2.27	3-4	+ 0.2	:	830	schwierig
			.167		19.1	2.07	3	+ 0.4	:	580	zerfließend
			.213		18.6	2.22	2-3	+ 1.1	:	580	verschmiert
			.282		22.2	2.33	2	+ 1.1	..	580	verschmiert
			59.184		20.4	2.22				4n	
		hi	61.179		20.1	2.29	3	+ 0.5	:	580	Dunst
			.185		19.3	2.31	2	+ 1.2	..	580	unruhig
			61.182		19.7	2.30				2n	
		p	61.179		18.0	2.33	3-4	+ 0.6	:	580	gut
			.185		18.2	2.33	2-3	+ 1.4	..	580	sprühend
			.308		17.5	2.36	4-2	+ 1.4	..	580	verblasen
			61.224		17.9	2.34				3n	
7307	Σ 1338	d	59.170	09 17.9 +38 24	223.1	1.14	3	+ 0.1	..	580	springend
			.216		220.6	1.14	3-1	+ 0.4	..	580	wechselnd
			.197		222.9	1.27	3-4	+ 0.5	:	580	recht sicher
			.284		223.8	1.26	1-0	+ 0.7	:	580	kaum brauchbar
			59.217		222.6	1.20				4n	

ADS	Name	Bb	Ep 1900+	1950.0 α	δ	p	s	Bd	t	Auge	Vgr	Bemerkungen
7307	Σ 1338	hi	59.170	$09^h17^m.9$	$+38^\circ24'$	$222^\circ.9$	$1''.10$	3	$+ 0^h.3$	..	580	unruhig
			.216			223.4	1.10	3-2	+ 0.3	..	580	verblasen
			59.193			223.2	1.10				2n	
		p	59.170			223.7	0.97	3	+ 0.4	:	580	unruhig
			.213			223.7	1.06	3-4	+ 0.5	:	580	Dunst
			.227			222.8	---	1-0	- 0.1	:	580	Nebel
			.282			222.8	1.00	2	+ 0.4	:	420	verschwimmend
			.284			223.3	1.06	1	+ 0.9	:	580	verblasen
			59.235			223.3	1.02				5n	
		hi	60.202			223.0	1.16	2-1	0	:	580	zerfließend
			.224			226.9	1.26	2	+ 0.4	..	580	tanzend
			.226			224.9	1.00	1	+ 1.1	..	580	verschmiert
			.246			224.0	1.15	1	+ 0.9	..	580	zerfließend
			60.224			224.7	1.14				4n	
		p	60.202			225.8	1.36	1	+ 0.2	..	580	unsicher
			.224			222.5	1.09	2	+ 0.6	:	580	verschmiert
			.226			227.0	1.02	3	+ 1.3	:	580	unruhig
			.246			226.8	1.23	1-2	+ 1.1	:	580	verwaschen
			60.224			225.5	1.18				4n	
7704	OΣ 215	d	61.338	10 13.6	+17 59	190.8	1.27	2	+ 1.4	:	580	tanzend
		p	61.319			187.2	1.16	2-1	+ 0.3	:	580	verschmiert
			.338			187.2	1.20	2-3	+ 1.2	:	580	unruhig
			.346			188.0	1.22	1	+ 1.4	:	580	kaum getrennt
			61.334			187.5	1.20				3n	
7721	Σ 1423	d	59.257	10 16.5	+20 49	29.4	1.41	1	+ 0.4	:	580	schwierig
			.284			28.1	1.27	2	+ 0.5	:	580	brauchbar
			59.270			28.8	1.34				2n	
		p	59.282			27.8	1.20	1	+ 0.4	:	580	unsicher
			.284			29.3	1.10	2	+ 0.3	:	580	selten getrennt
			59.283			28.6	1.15				2n	
7730AB	Σ 1426	d	59.161	10 17.9	+06 41	298.1	1.01	5	- 0.3	..	580	sehr sicher
			.282			298.7	0.83	2-3	+ 1.4	..	580	brauchbar
			59.222			298.4	0.92				2n	
		hi	59.167			296.7	0.97	4	+ 0.4	..	580	ruhig
			.356			297.0	0.89	2	+ 1.7	..	580	tanzend
			59.262			296.8	0.93				2n	
		p	59.167			297.3	0.89	4-3	+ 0.2	..	580	zerfließend
			.282			298.5	0.84	3-4	+ 1.2	..	580	ruhig und gut
			.356			297.4	0.91	2	+ 1.4	..	580	verschmiert
			59.268			297.7	0.88				3n	
		d	60.248			297.8	0.85	2	+ 1.2	..	580	brauchbar
			.303			298.6	1.05	3	+ 0.9	..	580	brauchbar
			60.276			298.2	0.95				2n	
		hi	60.248			297.4	0.98	2	+ 1.4	..	580	selten getrennt
			.254			300.0	0.89	1-2	- 0.8	..	580	selten getrennt
			.303			296.5	0.77	1-2	+ 0.3	:	580	zerfließend
			60.268			298.0	0.88				3n	
		p	60.224			299.1	1.10	1-2	0	..	580	kaum getrennt
			.251			298.9	1.00	2	+ 1.6	..	580	brauchbar
			.254			300.4	0.97	2	- 1.1	..	580	unsicher
			.303			298.4	0.93	2-3	+ 0.5	..	580	zerfließend
			60.258			299.2	1.00				4n	
7802	Σ 1439	d	59.282	10 27.3	+21 04	97.3	1.71	3	+ 0.9	..	580	gut
		hi	59.252			94.6	1.44	4-5	- 0.2	..	580	ruhig und gut
			.213			97.5	1.46	3	+ 0.1	..	580	ruhig
			59.232			96.0	1.45				2n	
		p	59.167			94.0	1.42	4-3	- 0.4	..	580	gut
			.213			95.5	1.62	2-3	+ 0.2	..	580	verschmiert
			.282			95.8	1.62	2-3	+ 0.7	..	580	verschwimmend
			.287			95.5	1.46	2	- 0.9	..	580	wechselnd
			59.237			95.2	1.53				4n	
7854	A 556	d	59.161	10 34.5	-08 35	110.8	1.60	2-1	+ 0.1	..	580	kaum getrennt

ADS	Name	Bb	Ep 1900+	1950.0 α δ	p	s	Bd	t	Auge	Vgr	Bemerkungen
7864	Σ 1457	hi	61.187	$10^h36^m.1$ +06°00'	329°.6	1".41	3-2	$-0^h.6$	..	580	unruhig
		p	61.187		329.4	1.58	2	- 0.4	:	580	verschmiert
			.362		327.2	1.82	2-1	+ 1.6	..	580	kaum zu trennen
			61.274		328.3	1.70				2n	
7929	OΣ 229	d	59.342	10 45.2 +41 22	293.4	0.73	3-5	+ 0.9	..	580	recht gut
			.347		293.3	0.71	3-4	+ 1.4	..	580	recht gut
			59.344		293.4	0.72				2n	
		hi	59.342		292.6	0.78	3-2	+ 0.7	..	580	tanzend
			.347		291.6	0.75	4-3	+ 1.0	..	580	verschmiert
			.350		291.5	0.79	2-3	+ 1.0	..	580	unruhig
			59.346		291.9	0.77				3n	
		p	59.342		290.6	0.72	3-4	+ 0.5	..	580	tanzend
			.345		292.8	0.75	2-4	+ 0.5	..	580	verschmiert
			.347		292.6	0.81	3-4	+ 1.2	..	580	tanzend
			.350		290.0	0.80	2-3	+ 0.7	..	580	tanzend
			59.346		291.5	0.77				4n	
		d	60.303		291.3	0.75	4-3	+ 0.9	..	580	recht sicher
		hi	60.254		294.5	0.94	1	+ 0.3	..	580	selten getrennt
			.303		288.7	0.71	2-3	+ 0.7	..	580	fast ruhig
			.344		291.1	0.82	2	+ 0.8	..	580	Dunst
			.347		291.3	0.78	3-4	+ 0.8	..	580	ruhig
			60.312		291.4	0.81				4n	
		p	60.254		292.2	1.07	1-0	+ 0.5	..	580	nur länglich
			.303		292.4	0.81	3	+ 1.0	..	580	etwas bewegt
			.344		290.8	0.90	3	+ 1.0	..	580	verschmiert
			.347		291.1	0.80	3-4	+ 0.9	..	580	scharf
			60.312		291.6	0.90				4n	
		d	61.308		294.0	1.12	1-2	+ 0.4	..	580	nur länglich
		p	61.283		290.9	0.92	3-4	+ 0.3	..	830	verschmiert
			.308		292.0	0.98	2	+ 0.2	..	580	Wolken
			.319		292.2	---	1	+ 0.9	..	580	Distanz nicht meßbar
			61.303		291.7	0.95				3n	
8032	A 1590	d	59.282	11 00.6 +54 49	356.3	1.12	4-5	+ 1.3	..	580	sehr sicher
			.342		356.1	1.15	4-5	+ 1.6	..	580	sicher
			.386		359.6	0.92	1-0	+ 1.1	..	580	nur länglich
			59.337		357.3	1.06				3n	
		hi	59.347		356.9	0.83	2	+ 2.2	..	580	verschmiert
			.350		356.0	0.89	2	+ 1.8	..	580	tanzend
			59.348		356.4	0.86				2n	
		p	59.282		356.0	1.04	3-4	+ 1.1	..	580	gut
			.342		354.6	1.11	3-5	+ 2.8	..	580	gut
			.345		357.8	---	1-0	+ 1.3	..	580	Distanz nicht meßbar
			.347		355.2	1.14	1-2	+ 2.4	..	580	selten getrennt
			.350		354.1	1.15	1-2	+ 1.6	..	580	kaum getrennt
			59.333		355.5	1.11				5n	
		hi	60.344		356.2	1.09	2	+ 1.2	:	580	tanzend
8119AB	Σ 1523	p	59.282	11 15.6 +31 49	152.9	1.93	3-4	+ 1.7	..	580	verschmiert
			.290		154.7	1.79	1	+ 0.1	:	580	verschmiert
			59.286		153.8	1.86				2n	
8197	OΣ 235	hi	59.353	11 29.5 +61 22	69.1	0.94	2	+ 1.5	..	580	tanzend
			.356		71.9	0.92	2	+ 1.0	..	580	nur länglich
			.358		72.3	0.96	2	+ 1.2	..	580	verschmiert
			59.356		71.1	0.94				3n	
		p	59.353		71.6	0.98	1-2	+ 1.3	..	580	verschmiert
			.356		72.1	0.92	1-2	+ 0.8	..	580	verschmiert
			.358		72.7	0.88	0-1	+ 1.3	..	580	kaum getrennt
			59.356		72.1	0.93				3n	
8242	Ku 39	d	59.342	11 34.6 +47 45	61.7	1.77	3-4	+ 1.8	:	580	sehr schwach
			.361		59.1	2.22	2	+ 1.6	:	580	schwierig
			.386		61.6	2.56	1-2	+ 2.2	:	580	sehr schwierig
			59.363		60.8	2.18				3n	
		hi	59.342		62.0	1.68	4-3	+ 1.4	:	580	Schlieren
			.361		59.5	1.97	2-3	+ 1.8	:	580	schwierig
			59.352		60.8	1.82				2n	
		p	59.342		60.6	1.64	3-4	+ 1.5	:	580	Schlieren
			.361		61.5	1.94	1	+ 2.0	:	580	schwierig
			.386		57.9	1.52	0-1	+ 2.5	:	580	unsicher
			59.363		60.0	1.70				3n	

ADS	Name	Bb	Ep 1900+	1950.0 α δ	p	s	Bd	t	Auge	Vgr	Bemerkungen
8539	Σ 1639	d	60.344	12 21.9 +25 52	332.5	1.43	3-2	+ 0.4	:	580	recht brauchbar
		hi	60.339		333.0	1.17	1	+ 0.9	..	580	tanzend
			.341		332.8	1.12	1-0	+ 0.3	:	580	selten getrennt
			.344		332.5	1.17	1	+ 0.8	:	580	Dunst
			.347		332.2	1.22	2-3	- 0.4	:	830	unruhig
			60.343		332.6	1.17				4n	
		p	60.339		333.1	1.15	3-4	+ 0.7	:	580	zerfließend
			.341		334.7	1.18	2	+ 0.4	:	580	tanzend
			.344		335.1	1.11	2	+ 0.6	:	580	scharf
			.347		332.1	1.15	3	- 0.2	:	830	verschmiert
			60.343		333.8	1.15				4n	
		d	61.338		329.4	1.32	3	+ 0.4	..	580	brauchbar
		p	61.283		332.1	1.13	3-4	+ 0.8	..	830	verschmiert
			.338		328.3	1.29	2-3	+ 0.3	..	580	verschmiert
			61.310		330.2	1.21				2n	
8553	Σ 1643	d	59.342	12 24.7 +27 19	19.6	2.51	4	+ 0.2	:	580	sicher
			.347		19.7	2.54	2-1	+ 0.5	:	580	schwierig
			.358		20.5	2.76	2-1	+ 1.2	:	580	verblasen
			.388		20.1	2.46	1	+ 0.7	:	580	schlecht
			59.359		20.0	2.57				4n	
		hi	59.213		18.6	2.24	3	- 1.4	:	580	ruhig
			.343		20.4	2.24	3-2	- 0.2	..	580	wechselnd
			.347		19.9	1.96	3-2	0	..	580	verschwommen
			.350		19.0	2.29	3	- 0.1	:	580	verschmiert
			.358		20.4	2.34	3-2	+ 1.0	..	580	verblasen
			59.322		19.7	2.21				5n	
		p	59.213		18.9	2.06	3	- 1.2	:	580	verschmiert
			.342		18.5	2.25	3-4	0	:	580	verschmiert
			.345		18.9	2.27	2-3	- 0.8	:	580	tanzend
			.347		20.3	2.34	2	+ 0.2	:	580	starker Dunst
			.350		18.3	2.31	2	+ 0.4	:	580	verschmiert
			59.319		19.0	2.25				5n	
		hi	60.303		20.8	2.16	3-2	+ 0.3	..	580	ruhig
			.336		18.1	2.17	1-2	- 0.5	:	580	verschmiert
			.339		17.8	2.22	3	- 0.5	:	580	ruhig
			.341		17.7	2.30	3	+ 0.8	:	580	Dunst
			60.330		18.6	2.21				4n	
		p	60.303		18.9	2.36	2-4	+ 0.4	:	580	wechselnd
			.336		18.7	2.28	0-1	- 0.3	:	580	schlecht
			.339		17.8	2.52	3-4	- 0.7	:	580	ruhig
			.341		19.8	2.44	1-2	+ 0.9	:	580	Dunst
			60.330		18.8	2.40				4n	
		d	61.338		17.8	2.62	3	- 0.1	:	580	schwierig
		p	61.319		16.8	2.44	1-2	- 0.5	:	580	verschmiert
			.338		17.7	2.46	1	- 0.4	:	580	tanzend
			61.328		17.0	2.45				2n	
8575	Σ 1647	d	61.338	12 28.0 +10 00	234.9	1.39	2	+ 0.9	:	580	verblasen
		p	61.338		235.6	1.32	1	+ 0.8	:	580	verschmiert
8695	Σ 1687	d	59.282	12 50.8 +21 31	144.0	0.82	4	+ 0.7	..	580	recht gut
		hi	59.430		144.4	0.85	3-4	+ 1.4	..	580	schwierig
		p	59.282		140.7	0.82	2-3	+ 0.4	..	830	überstrahlt
			.430		139.4	0.98	3-4	+ 1.5	..	580	etwas verblasen
			59.356		140.0	0.90				2n	
8759	β 929	d	59.282	13 01.3 -03 24	202.9	0.99	3	+ 1.0	:	580	verschwimmend
		p	59.282		202.0	0.64	3	+ 0.8	:	580	verschmiert
8887	Ho 260	d	59.342	13 21.3 +29 29	51.5	0.70	3	+ 0.9	:	580	tanzend
		p	59.342		51.3	0.73	2-3	+ 1.0	:	580	schwierig
8914	OΣ 266	hi	60.344	13 26.0 +15 58	352.0	2.18	2	+ 0.8	:	580	unruhig
			.347		350.9	2.00	3	- 0.8	:	580	Dunst
			.352		351.4	2.06	2	- 1.4	:	580	verschwimmend
			.369		349.8	2.03	2	- 1.0	:	580	verschmiert
			60.353		351.0	2.07				4n	

ADS	Name	Bb	Ep 1900+	1950.0 α δ	p	s	Bd	t	Auge	Vgr	Bemerkungen
8914	OΣ 266	p	60.344	13h26m.0 +15°58'	351°.0	1".88	2	+ 1h.0	:	580	verschmiert
			.347		351.4	1.93	2-3	- 0.7	:	580	etwas verschmiert
			.352		350.8	1.79	3	- 1.2	:	580	zerfließend
			.369		350.4	1.86	1-3	- 0.9	:	580	stark wechselnd
			60.353		351.1	1.86				4n	
		d	61.338		352.1	2.09	3	- 0.4	:	580	unruhig
		p	61.283		350.9	1.83	4	- 1.5	:	580	unruhig
			.338		351.0	1.74	2-3	+ 0.4	:	580	verschmiert
			61.310		351.0	1.78				2n	
8974	Σ 1768	d	60.393	13 35.2 +36 33	108.8	1.49	3-4	- 0.5	..	580	Distanz unsicher
			.421		110.3	1.93	2-3	+ 0.2	..	580	sehr unruhig
			.423		108.9	1.68	3-4	+ 0.4	..	580	sicher
			60.412		109.3	1.70				3n	
		hi	60.369		106.5	1.78	1	- 0.3	..	580	selten getrennt
			.393		107.4	1.70	2-3	- 0.1	..	580	brauchbar
			.418		106.7	1.85	1	+ 0.2	..	580	selten getrennt
			.421		107.1	1.81	2-3	+ 0.4	..	580	tanzend
			60.400		106.9	1.78				4n	
		p	60.352		108.0	1.82	1-0	- 0.9	..	580	verschmiert
			.369		108.1	1.70	1-0	- 0.1	..	580	unsicher
			.393		107.4	---	1-0	- 0.6	..	580	Distanz nicht meßbar
			.393		107.7	1.75	2	+ 0.1	..	580	verblasen
			.418		106.5	1.96	1	0	..	580	kaum getrennt
			.421		107.5	1.80	2	+ 0.5	..	580	unruhig
			60.391		107.5	1.81				6n	
		d	61.338		109.8	1.86	2	+ 1.0	..	580	nicht sehr sicher
		p	61.338		107.0	1.81	1	+ 0.8	..	580	kaum getrennt
8981AB	Σ 1769	d	59.388	13 35.9 +39 26	34.0	2.04	1	+ 0.2	:	580	sehr schwierig
		hi	59.427		37.0	2.20	1-2	+ 1.2	..	580	tanzend
		p	59.435		36.4	1.74	1-0	- 0.1	:	580	schlecht
			.443		34.6	2.18	0-1	+ 0.2	:	580	schwierig
			.471		36.3	1.93	0-1	+ 0.8	:	580	verschmiert
			.473		34.8	1.84	0-1	+ 0.8	:	580	kaum getrennt
			59.456		35.5	1.92				4n	
		d	60.393		38.2	2.31	3-2	+ 0.7	:	580	unsicher
			.421		40.7	2.15	2	+ 1.9	:	580	sehr schwierig
			.423		37.6	2.24	3	+ 1.6	:	580	brauchbar
			60.412		38.8	2.23				3n	
		hi	60.393		37.7	2.16	2-3	+ 0.4	:	580	unsicher
			.418		34.3	2.02	1-2	+ 0.6	:	580	verschmiert
			.421		34.9	2.02	2	+ 1.5	:	580	schwierig
			.429		35.4	1.89	3	+ 0.4	..	580	Dunst
			60.415		35.6	2.02				4n	
		p	60.393		34.9	1.78	3	+ 0.5	..	580	selten getrennt
			.418		37.6	2.10	1-0	+ 0.7	..	580	verschmiert
			.421		37.2	2.12	3-4	+ 1.7	:	580	schwierig
			.423		37.0	2.03	2	+ 1.4	:	580	verschwindend
			60.414		36.7	2.01				4n	
9060	OΣ 273	d	60.344	13 53.8 +05 32	111.8	0.88	2	- 0.1	..	580	sehr schwierig
			.423		112.1	0.94	3	+ 0.4	..	580	brauchbar
			60.384		112.0	0.91				2n	
		hi	60.344		113.1	0.99	2-3	- 0.4	..	580	Dunst
			.347		112.0	0.87	2-3	- 0.6	..	580	unruhig
			.429		109.5	1.04	3	+ 0.6	..	580	Dunst
			60.373		111.5	0.97				3n	
		p	60.344		111.8	1.01	1	0	:	580	kaum getrennt
			.347		112.6	1.07	2	- 0.5	:	580	verschmiert
			.423		109.9	1.15	3-4	+ 0.2	..	580	etwas unruhig
			.429		110.2	1.11	2	+ 0.3	..	580	verschmiert
			60.386		111.1	1.08				4n	
9174	Σ 1816	d	59.397	14 11.7 +29 20	86.6	0.88	4-5	- 0.4	..	580	sicher
			.424		84.0	0.92	3	+ 0.4	..	580	recht sicher
			59.410		85.3	0.90				2n	
		hi	59.421		86.6	1.14	2	+ 0.4	..	580	tanzend
			.424		84.7	0.99	3	+ 0.2	..	580	Dunst
			.427		87.2	1.37	2-1	- 0.9	..	580	meist nur länglich
			.430		88.6	1.03	3	+ 0.4	..	580	brauchbar
			.468		85.0	1.17	1	+ 1.0	..	580	zerfließend
			59.434		86.4	1.14				5n	

ADS	Name	Bb	Ep 1900+	1950.0 α δ	p	s	Bd	t	Auge	Vgr	Bemerkungen
9174	Σ 1816	p	59.397	$14^{h}11^{m}.7$ $+29^{\circ}20'$	$85^{\circ}.0$	$1''.08$	3	$-0^{h}.6$	..	580	Schlieren
			.421		84.6	0.99	2-3	+ 0.5	..	580	verschmiert
			.424		84.8	1.06	2-3	+ 0.5	..	580	etwas verblasen
			.427		85.2	1.31	1	0	..	580	nur länglich
			59.417		84.9	1.11				4n	
9177	Σ 1817	d	59.342	14 12.0 +26 56	2.6	0.60	2-3	+ 0.9	:	580	nur länglich
			.397		0.2	0.78	4-5	- 0.1	:	580	scharf
			.424		0.9	0.77	3-4	+ 1.3	:	580	gut
			59.388		1.2	0.72				3n	
		hi	59.424		358.0	0.74	2-3	+ 0.9	:	580	Schlieren
			.430		358.1	0.69	3-4	+ 0.8	:	830	Schlieren
			59.427		358.0	0.72				2n	
		p	59.342		2.5	0.59	2-3	+ 0.6	:	580	selten getrennt
			.397		358.2	0.66	4	+ 0.1	:	580	ruhig und gut
			.424		0.1	0.63	3	+ 1.1	:	580	etwas verblasen
			.430		358.5	0.66	3	+ 0.5	:	830	verblasen
			59.398		359.8	0.64				4n	
9340	Σ 1867	d	59.424	14 38.6 +31 30	8.6	0.95	2	+ 1.9	:	580	tanzend
		hi	59.421		5.6	0.98	2	+ 0.4	:	580	kaum getrennt
			.424		9.5	0.85	1-2	+ 1.7	:	580	tanzend
			.430		8.1	0.94	3	+ 0.9	:	830	Schlieren
			.449		6.9	0.88	1	+ 0.1	:	580	selten getrennt
			59.431		7.5	0.91				4n	
		p	59.421		6.2	0.73	1-2	+ 0.6	:	580	kaum getrennt
			.424		10.5	0.95	2	+ 2.0	:	580	tanzend
			.430		8.0	0.93	3	+ 0.6	:	830	Schlieren
			.449		6.4	0.89	2	+ 0.3	:	580	selten getrennt
			59.431		7.8	0.88				4n	
9343AB	Σ 1865	d	60.437	14 38.8 +13 57	310.2	1.05	3	+ 0.2	..	580	recht brauchbar
		hi	60.432		309.0	1.17	2	- 0.7	..	580	tanzend
			.437		310.2	1.17	2-3	- 0.2	..	580	unruhig
			.464		308.4	1.17	4-3	+ 0.4	..	580	Dunst
			.476		308.3	1.20	2	+ 0.5	..	580	verblasen
			60.452		309.0	1.18				4n	
		p	60.432		312.3	1.05	2	- 0.6	:	580	verschwindend
			.437		307.5	1.06	2	- 0.1	..	580	wechselnd
			.464		308.5	1.19	3-4	+ 0.5	..	580	etwas zerfließend
			.476		307.6	1.28	2	+ 0.7	..	580	tanzend
			60.452		308.8	1.14				4n	
9353	A 1109	d	59.397	14 40.3 +06 48	77.6	1.35	2	+ 0.2	..	580	brauchbar
		p	59.397		70.2	1.46	2	+ 0.4	..	580	etwas verschmiert
9372	Σ 1877	d	60.484	14 42.8 +27 17	340.5	2.80	3-2	+ 0.8	:	580	schlecht definiert
		hi	60.478		337.4	3.04	2	+ 0.6	:	580	zerfließend
			.484		338.1	3.05	3	+ 0.3	:	580	tanzend
			.516		337.3	3.01	2-3	+ 1.7	:	580	unruhig
			.522		337.0	2.87	2	+ 1.8	:	580	tanzend
			60.500		337.4	2.99				4n	
		p	60.478		340.3	2.98	3	+ 0.8	:	580	überstrahlt
			.484		339.5	2.86	2-3	+ 0.5	:	580	zerfließend
			.516		336.6	2.62	2	+ 1.8	..	580	sprühend
			.522		335.8	2.76	1-0	+ 1.6	..	580	verschmiert
			60.500		338.0	2.80				4n	
9379AB	Σ 1876	d	59.397	14 43.7 -07 11	96.6	1.40	4	- 0.1	..	580	sehr scharf
			.424		98.0	1.32	2-3	+ 1.3	..	580	brauchbar
			59.410		97.3	1.36				2n	
		hi	59.424		97.9	1.11	3	+ 1.0	..	580	verschwommen
		p	59.397		96.2	1.49	4	- 0.3	..	580	Schlieren
			.424		94.8	1.61	2	+ 1.1	..	580	tanzend
			59.410		95.5	1.55				2n	
9380AB	Σ 1879	d	60.423	14 43.8 +09 52	95.8	1.35	3	- 0.1	..	580	gut
		hi	60.393		100.5	1.52	3	0	..	580	verschmiert
			.418		97.9	1.30	1	+ 0.1	..	580	kaum getrennt
			.429		97.4	1.33	3	0	..	580	Dunst
			.432		95.5	1.46	2	- 0.4	..	580	unruhig
			60.418		97.8	1.40				4n	

ADS	Name	Bb	Ep 1900+	1950.0 α δ	p	s	Bd	t	Auge	Vgr	Bemerkungen
9380AB	Σ 1879	p	60.393	$14^h43^m.8$ $+09^\circ52'$	95°.4	1".40	1-2	+ $0^h.2$	..	580	verschmiert
			.418		96.2	1.49	1	+ 0.3	..	580	verschwimmend
			.423		95.1	1.52	3-4	- 0.2	..	580	etwas verschwimmend
			.429		94.4	1.50	3	+ 0.2	..	580	tanzend
		(Mittel)	60.416		95.3	1.48				4n	
9423AB	β 31	d	59.397	14 50.2 +18 56	205.8	1.99	3	+ 0.8	:	580	wechselnd
		hi	59.430		209.8	1.78	2	+ 1.2	..	830	verschwindend
		p	59.394		209.6	1.94	3	- 0.5	:	580	sehr unruhig
			.397		210.0	1.78	3-4	+ 0.5	:	580	verschmiert
			.430		209.9	1.75	4	+ 0.9	:	830	verschwindend
		(Mittel)	59.407		209.8	1.82				3n	
9425	OΣ 288	d	60.393	14 51.0 +15 54	181.8	1.66	2-1	+ 0.7	:	580	verblasen
			.421		180.2	1.64	2	+ 0.9	:	580	wechselnd
			.423		179.0	1.67	2-3	+ 0.7	:	580	brauchbar
			.437		181.2	---	3-4	+ 0.3	:	580	Distanz nicht meßbar
		(Mittel)	60.418		180.6	1.66				4n	
		hi	60.393		179.2	1.41	3-2	+ 1.0	:	580	tanzend
			.418		179.9	1.42	2-3	+ 0.4	:	580	verschmiert
			.421		179.7	1.27	3	+ 1.4	:	580	wechselnd
			.437		178.9	1.27	3	+ 0.2	:	580	verschmiert
		(Mittel)	60.417		179.4	1.34				4n	
		p	60.393		181.0	1.35	1	+ 0.5	:	580	verschmiert
			.418		179.2	1.39	2-1	+ 0.6	:	580	zerfließend
			.421		179.4	1.38	1	+ 1.2	:	580	verschwimmend
			.423		178.6	1.44	2	+ 0.7	:	580	wechselnd
		(Mittel)	60.414		179.6	1.39				4n	
9494	Σ 1909	d	59.397	15 02.2 +47 51	267.0	1.10	2-1	+ 1.6	..	580	verblasen
		hi	59.421		267.7	1.22	2	+ 0.7	..	580	unruhig
			.424		269.3	1.16	2	+ 1.9	..	580	tanzend
			.430		265.3	1.31	2	+ 1.9	..	830	Schlieren
		(Mittel)	59.425		267.4	1.23				3n	
		p	59.397		266.7	0.92	3	+ 1.3	..	580	zitternd
			.421		267.0	1.22	1	+ 0.8	..	580	verschmiert
			.424		265.0	1.06	2	+ 2.0	..	580	tanzend
			.427		265.7	1.24	1	0	..	580	unsicher
			.430		266.8	1.14	3	+ 1.7	..	830	zerfließend
		(Mittel)	59.420		266.2	1.12				5n	
		d	60.423		267.9	1.00	2	+ 1.1	..	580	zerfließend
		hi	60.429		268.4	0.88	2	+ 0.3	..	580	Dunst
			.432		269.1	1.03	2	- 0.1	..	580	unruhig
			.476		269.5	0.91	2-3	+ 0.6	:	580	tanzend
			.478		268.8	1.15	2	+ 0.8	:	580	tanzend
		(Mittel)	60.454		269.0	0.99				4n	
		p	60.421		267.8	0.81	1	+ 1.4	:	580	tanzend
			.423		267.7	0.90	3	+ 0.9	:	580	zitternd
			.429		267.6	0.90	2	+ 0.5	..	580	verschmiert
			.432		268.2	0.94	2	0	..	580	verschmiert
			.478		267.6	0.87	2-3	+ 1.0	..	580	etwas verschmiert
		(Mittel)	60.437		267.7	0.88				5n	
9514	Σ 3090	d	59.397	15 06.1 -00 47	281.1	0.97	3	+ 1.0	..	580	brauchbar
		p	59.397		279.6	1.10	3	+ 0.8	..	580	verschmiert
9578	Σ 1932	hi	59.509	15 16.2 +27 01	237.2	0.87	4-5	+ 1.3	..	830	ruhig und gut
		p	59.509		236.6	0.85	5-4	+ 1.2	..	830	ruhig und gut
9617AB	Σ 1937	hi	59.449	15 21.1 +30 28	70.6	1.03	2	- 0.1	..	580	zerfließend
			.473		71.5	1.03	2	0	..	580	tanzend
			.479		70.9	0.97	1	+ 0.1	..	580	verschmiert
			.482		71.4	0.82	1	0	..	580	zerfließend
		(Mittel)	59.471		71.1	0.96				4n	
		p	59.449		70.5	0.69	1-2	+ 0.1	..	580	zerfließend
			.473		69.0	0.82	1	+ 0.2	..	580	sehr unruhig
			.479		68.3	0.74	1	+ 0.2	:	580	zerfließend
			.482		68.8	0.78	1	+ 0.2	..	580	Schlieren
		(Mittel)	59.471		69.2	0.76				4n	
		hi	60.464		79.2	0.66	2	+ 0.7	..	830	ruhig

ADS	Name	Bb	Ep 1900+	1950.0 α	δ	p	s	Bd	t	Auge	Vgr	Bemerkungen
9626BC	Σ 1938	hi	59.465	$15^h22^m.6$	$+37°31'$	25°.1	1".95	1-2	+ 0h.8	:	580	unruhig
			.468			25.0	1.92	2-3	+ 1.0	:	580	verschmiert
			.471			23.7	1.93	3	+ 0.3	:	580	tanzend
			.473			24.3	1.88	2	- 0.3	:	580	verschmiert
			59.469			24.5	1.92				4n	
		p	59.465			24.7	1.82	1-0	+ 1.0	:	580	zerfließend
			.471			24.8	1.88	1-2	+ 0.5	:	580	Schlieren
			.473			25.1	1.74	1	+ 0.8	:	580	verschmiert
			.476			24.2	1.98	0-1	- 0.1	:	580	stark verschmiert
			59.471			24.7	1.86				4n	
9639AB	OΣ 296	hi	59.476	15 24.7	+44 11	289.0	2.05	1-2	+ 0.3	..	580	tanzend
			.479			288.0	1.95	1-2	+ 0.5	..	580	unruhig
			.482			288.2	2.06	3	+ 0.5	..	580	wechselnd
			.501			288.2	1.94	4	+ 0.5	:	580	sicher
			59.484			288.4	2.00				4n	
		p	59.476			287.8	2.10	1-2	+ 0.5	..	580	zerfließend
			.479			285.6	2.16	1	+ 0.7	..	580	unruhig
			.482			287.0	1.92	2-4	+ 1.0	..	580	wechselnd
			.501			287.2	1.86	3-4	+ 0.6	..	580	ruhig
			59.484			286.9	2.01				4n	
9716AB	OΣ 298	hi	59.449	15 34.3	+39 58	186.3	1.22	2	+ 0.7	:	580	zerfließend
			.460			184.4	1.18	2-3	+ 0.7	:	580	tanzend
			.465			185.1	1.20	1	0	:	580	selten getrennt
			.468			184.8	1.22	2-3	+ 0.3	:	580	tanzend
			59.460			165.2	1.20				4n	
		p	59.430			185.4	1.12	2	+ 1.6	:	830	zerfließend
			.449			184.4	1.23	1-2	+ 0.8	:	580	verschmiert
			.465			185.1	1.12	0-1	+ 0.2	:	580	unruhig
			59.448			185.0	1.16				3n	
		d	60.484			188.3	1.18	3	+ 0.5	:	580	brauchbar
		hi	60.429			187.5	1.07	2	+ 0.2	..	580	Dunst
			.476			186.8	1.20	3	+ 0.7	:	580	unruhig
			.478			187.5	1.23	3	+ 0.7	:	580	ruhig
			.484			185.2	1.00	3-2	+ 0.1	..	580	unruhig
			60.467			186.8	1.12				4n	
		p	60.429			186.9	1.08	2	+ 0.3	..	580	verschmiert
			.476			186.7	1.25	3	+ 0.4	:	580	zerfließend
			.478			186.7	1.30	3-4	+ 0.9	..	580	etwas unruhig
			.484			185.3	1.23	3	+ 0.3	:	580	zerfließend
			60.467			186.4	1.22				4n	
9880	OΣ 303	hi	59.430	15 58.6	+13 25	165.0	1.35	3	+ 0.5	..	830	Cirren
			.449			164.2	1.38	1-2	- 0.3	..	580	zerfließend
			.460			164.3	1.24	3	- 0.3	:	580	verschmiert
			.468			164.0	1.18	2	- 0.4	:	580	tanzend
			59.452			164.4	1.29				4n	
		p	59.430			163.8	1.20	3	+ 0.3	:	830	Cirren
			.449			164.8	0.97	1	- 0.1	:	580	kaum getrennt
			.460			163.5	1.24	1	- 0.1	:	580	verschmiert
			.482			165.2	1.16	2	- 0.1	:	580	verschmiert
			59.452			164.3	1.14				4n	
10017	Hu 481	hi	59.509	16 19.1	+23 06	174.4	0.68	4	+ 0.7	:	830	schwierig
		p	59.509			169.4	0.59	4-5	+ 0.5	:	830	schwierig
10075AB	Σ 2052	hi	59.509	16 26.7	+18 31	162.6	0.76	4-5	+ 1.0	:	830	sicher
		p	59.509			162.9	0.78	5-4	+ 0.8	:	830	ruhig und gut
10093	Σ 2059	hi	59.509	16 29.2	+38 10	197.2	0.73	4	+ 1.4	:	830	sicher
		p	59.509			198.7	0.74	4-5	+ 1.5	:	830	ruhig und gut
10157	Σ 2084	d	59.514	16 39.4	+31 41	70.4	1.33	1	- 0.1	..	580	tanzend
			.517			66.8	1.35	3	0	..	580	recht brauchbar
			59.516			68.6	1.34				2n	
		hi	59.501			69.5	1.52	2	- 0.3	:	580	zerfließend
			.509			65.1	1.40	4	- 0.5	..	580	Schlieren
			.514			67.3	1.39	1	+ 0.2	..	580	tanzend
			.517			63.7	1.66	1	- 0.2	..	580	verblasen
			59.510			66.4	1.49				4n	
		p	59.501			64.8	1.36	3	- 0.1	..	580	Wolken
			.509			63.2	1.41	3-4	- 0.8	..	580	Cirren
			.517			63.5	1.59	1-0	- 0.5	..	580	verschmiert
			59.509			63.8	1.45				3n	

ADS	Name	Bb	Ep 1900+	1950.0 α δ	p	s	Bd	t	Auge	Vgr	Bemerkungen
10188	D 15	d	59.397	$16^h42^m.4$ $+43°34'$	159°.5	1".34	1-2	+ 0^h.2	:	580	schwierig
		hi	59.449		160.3	1.22	2	+ 0.3	:	580	unruhig
			.460		161.2	1.22	2	0	:	580	zerfließend
			.465		160.6	1.20	1	+ 0.1	:	580	verschmiert
			.473		159.1	1.18	2-3	0	:	580	Windstörung
			59.462		160.3	1.20				4n	
		p	59.482		160.6	1.15	1	+ 0.4	:	580	verschmiert
			.449		160.5	---	1-0	+ 0.5	:	580	Wolken
			.460		158.3	1.36	1	+ 0.2	:	580	Schlieren
			.465		160.5	1.24	1	+ 0.3	:	580	kaum getrennt
			.473		159.5	1.18	3-2	+ 0.1	:	580	stürmisch
			59.466		159.9	1.23				5n	
		hi	60.476		160.7	1.30	3-2	+ 0.5	:	580	tanzend
			.478		160.1	1.28	3	+ 0.5	:	580	ruhig
			60.477		160.4	1.29				2n	
		p	60.476		162.2	1.29	2-1	+ 0.7	:	580	verschwimmend
			.478		159.1	1.29	3	+ 0.7	:	580	schwierig
			60.477		160.6	1.29				2n	
10235AB	Σ 2107	hi	60.478	16 49.8 +28 45	73.0	1.22	1-2	+ 0.9	..	580	nur länglich
			.484		72.6	1.35	2-1	0	..	580	verschmiert
			.533		75.3	1.26	2	- 0.2	:	580	unruhig
			.604		73.9	1.21	2-3	+ 1.6	..	580	strahlig
			60.525		73.7	1.26				4n	
		p	60.478		74.3	1.34	2-3	+ 1.1	..	580	meist länglich
			.533		73.6	1.15	1-2	- 0.1	..	580	verschmiert
			.568		73.8	1.22	1-2	+ 0.2	..	580	verschmiert
			.604		75.5	1.37	3	+ 1.3	..	580	strahlend
			60.546		74.3	1.27				4n	
10279	Σ 2118	hi	59.460	16 56.2 +65 07	71.1	1.03	1-2	+ 0.4	..	580	verschmiert
			.465		71.6	1.09	1-2	+ 0.5	:	580	zerfließend
			.476		71.1	0.99	0-1	- 0.4	:	580	verschmiert
			.479		70.9	1.04	1	+ 0.3	..	580	zerfließend
			59.470		71.2	1.04				4n	
		p	59.460		71.0	1.06	1-2	+ 0.5	:	580	verschmiert
			.465		70.8	1.11	2	+ 0.6	:	580	zerfließend
			.479		70.6	1.08	1	0	..	580	zerfließend
			.482		71.0	1.06	3	+ 0.1	..	580	verschmiert
			59.472		70.8	1.08				4n	
10312	Σ 2114	d	60.423	16 59.6 +08 31	178.8	1.31	3-1	- 0.4	:	580	kaum getrennt
			.484		181.5	1.16	2	- 0.4	:	580	recht schwierig
			60.454		180.2	1.24				2n	
		hi	60.476		178.7	1.21	2	- 0.2	:	580	Dunst
			.478		180.9	1.24	2	- 0.2	:	580	unruhig
			.484		182.1	1.20	2	- 0.7	:	580	verschmiert
			.533		181.1	1.11	2-3	+ 0.1	:	580	unruhig
			60.493		180.7	1.19				4n	
		p	60.423		180.2	1.01	2	- 0.6	:	580	zerfließend
			.476		181.1	1.27	2	- 0.5	:	580	verschmiert
			.478		178.3	1.18	2	- 0.1	:	580	unruhig
			.484		182.4	1.01	2	- 0.6	:	580	verschmiert
			60.465		180.5	1.12				4n	
10460	Σ 2153	hi	59.482	17 16.6 +49 21	257.6	1.76	2-3	+ 0.8	..	580	verschwindend
			.514		262.9	1.94	3	+ 0.8	:	580	unsicher
			.517		261.8	1.87	1	+ 0.9	..	580	verschmiert
			.561		257.4	1.72	4	+ 1.3	..	580	ruhig und sicher
			59.518		259.9	1.82				4n	
		p	59.479		259.0	---	1-0	+ 0.2	..	580	Distanz nicht meßbar
			.482		258.0	2.23	2	+ 0.9	..	580	kaum zu trennen
			.514		257.8	1.70	3-2	+ 0.9	:	580	unsicher
			.561		258.0	1.59	4-5	+ 1.5	:	580	sehr gut
			.569		258.4	1.81	1	+ 0.7	:	580	verschmiert
			59.521		258.2	1.83				5n	
10699	Σ 2199	hi	60.604	17 37.7 +55 47	70.3	1.82	3-4	+ 2.6	:	580	unruhig
		p	60.604		69.6	1.79	4	+ 2.2	:	830	zerfließend
			.697		69.3	1.77	4	+ 2.0	:	580	zitternd
			.700		69.3	1.89	3	+ 2.2	:	580	verblasen
			.705		68.8	1.78	3-1	+ 1.8	:	580	verschmiert
			60.676		69.2	1.81				4n	
		la	61.669		71.1	1.67	4	+ 1.4	:	580	

ADS	Name	Bb	Ep 1900+	1950.0 α δ	p	s	Bd	t	Auge	Vgr	Bemerkungen
10699	Σ 2199	p	61.658	17h37m.7 +55°47'	67°.4	1".80	3	+ 1h.2	:	580	verschmiert
			.661		68.5	1.75	3	+ 0.9	..	580	unruhig
			.664		66.9	1.76	3	+ 1.4	:	580	Refraktionsstörungen
			.669		69.4	1.76	4	+ 1.2	:	580	ruhig und gut
			61.663		68.0	1.77				4n	
10722	Σ 2203	d	59.695	17 39.7 +41 41	306.0	0.59	2-3	+ 2.4	..	830	verschwimmend
		hi	59.509		307.8	0.76	2-3	+ 1.1	..	830	unruhig
			.561		308.6	0.76	4	+ 1.5	:	830	sicher
			.695		309.1	0.74	4	+ 2.0	..	830	tanzend
			59.588		308.5	0.75				3n	
		p	59.509		306.9	0.72	2-3	+ 1.2	..	830	unruhig
			.561		305.0	0.74	5	+ 1.7	..	830	ruhig und gut
			.692		303.7	0.72	4-5	+ 2.8	..	1160	recht gut
			.695		303.9	0.67	4	+ 2.2	..	830	recht gut
			59.614		304.9	0.71				4n	
		hi	60.533		304.7	0.68	2-3	+ 0.8	..	830	Dunst
		p	60.533		304.5	0.73	2	+ 1.0	..	830	verschmiert
			.697		303.6	0.73	3-4	+ 2.5	..	830	zitternd
			.700		302.1	0.78	2-3	+ 2.5	..	580	verblasen
			60.643		303.4	0.75				3n	
10769	Σ 2205	d	59.514	17 43.5 +17 44	332.5	1.81	1-2	- 0.6	:	580	verblasen
			.517		330.6	1.90	2	- 0.4	:	580	schwierig
			59.516		331.6	1.86				2n	
		hi	59.482		329.4	1.91	1	- 0.3	..	580	Dunst
			.514		327.3	1.89	1	- 0.3	:	580	verschwindend
			.517		326.9	1.91	3	- 0.8	..	580	mittelmäßig
			.597		330.6	---	1-0	+ 0.9	:	580	Wolken
			.629		329.9	1.77	1-3	+ 0.9	..	580	verschmiert
			59.548		328.8	1.87				5n	
		p	59.514		328.4	1.64	1	- 0.1	:	580	verschmiert
			.517		326.6	1.81	2-1	- 0.6	:	580	brauchbar
			.679		326.8	1.83	2-1	+ 2.2	..	580	kaum getrennt
			.777		327.0	1.83	1	+ 2.1	..	580	zerfließend
			59.622		327.2	1.78				4n	
		hi	60.484		329.3	1.98	1	0	..	580	selten getrennt
			.568		328.8	2.22	2-3	0	:	580	unruhig
			.580		329.5	2.00	2-3	+ 0.2	:	580	unruhig
			.604		329.3	1.86	4	+ 1.3	:	580	ruhig und gut
			60.559		329.2	2.02				4n	
		p	60.533		330.3	1.79	3	+ 1.0	:	580	Dunst
			.604		331.5	---	2	- 0.5	:	580	verschmiert
			60.568		330.9	1.79				2n	
10850AB	OΣ 338	hi	59.509	17 49.7 +15 20	359.0	0.81	4-3	+ 0.5	:	830	gut
			.561		357.5	0.77	4	+ 1.8	:	830	sicher
			59.535		358.2	0.79				2n	
		p	59.509		358.8	0.77	4-2	+ 0.6	:	830	Wolken
			.561		358.7	0.72	4-5	+ 1.9	:	830	ruhig und gut
			59.535		358.8	0.74				2n	
		hi	60.533		357.8	0.69	2	0	:	580	selten getrennt
			.604		359.5	0.68	3	- 0.3	:	580	strahlig
			60.568		358.6	0.68				2n	
		p	60.533		1.5	0.63	1-2	+ 0.2	:	580	verschmiert
			.604		358.9	0.74	2	+ 1.4	:	830	tanzend
			60.568		0.2	0.68				2n	
		p	61.669		357.1	0.72	2	+ 1.5	:	830	verschmiert
10911	β 417	hi	59.561	17 54.5 +39 27	292.8	1.24	4	+ 2.2	..	830	sicher
			.629		291.2	1.28	2-3	+ 1.2	:	580	tanzend
			.632		290.9	1.28	3	+ 0.9	:	580	ruhig
			.635		292.6	1.32	2	+ 1.0	:	580	Dunst
			59.614		291.9	1.28				4n	
		p	59.517		291.5	1.26	0-1	- 0.3	..	580	kaum getrennt
			.561		291.6	1.25	4	+ 2.4	..	830	gut
			59.539		291.6	1.26				2n	
11010	β 1127	d	59.676	18 01.0 +44 14	92.6	1.24	2-3	+ 1.6	:	580	brauchbar
			.753		92.5	1.04	4-3	+ 3.6	:	830	gut
			59.714		92.6	1.14				2n	
		p	59.561		93.0	0.86	3	+ 2.4	..	830	zerfließend
			.676		93.1	---	1-0	+ 1.4	..	580	Distanz nicht meßbar
			.753		93.1	0.92	5	+ 3.3	..	830	nicht meßbar
			59.663		93.1	0.89				3n	

ADS	Name		Bb	Ep 1900+	1950.0 α	δ	p	s	Bd	t	Auge	Vgr	Bemerkungen
11077	AC	15	d	59.742	$18^h05^m.1$	$+30^\circ33'$	$322^\circ.8$	$1''.20$	2	$+ 1^h.9$	..	830	verblasen
				.750			322.6	1.26	3-4	+ 2.3	..	830	gut und sicher
				.753			322.9	1.45	.5	+ 3.7	..	830	sehr sicher
				59.748			322.8	1.30				3n	
			hi	59.780			324.8	1.61	3	+ 2.2	..	580	kaum brauchbar
				.753			329.1	1.15	4-5	+ 2.8	..	830	ruhig
				59.766			327.0	1.38				2n	
			p	59.780			325.1	---	1-0	+ 2.0	..	580	Distanz nicht meßbar
				.750			325.8	1.20	4	+ 2.8	..	830	sehr schwierig
				.753			324.4	1.14	4-5	+ 3.0	..	830	gut
				59.761			325.1	1.17				3n	
11123	Σ	2289	hi	61.716	18 07.9	+16 28	225.2	1.15	1	+ 1.8	:	580	verwaschen
			la	61.669			225.6	1.10	3	+ 0.5	:	830	tanzend
				.716			223.9	1.12	2	+ 2.2	:	580	selten getrennt
				61.692			224.8	1.11				2n	
			p	61.669			222.2	1.14	1-2	+ 1.8	:	830	kaum getrennt
				.716			222.8	0.94	1-2	+ 2.5	:	580	verschmiert
				61.692			222.5	1.04				2n	
11483	OΣ	358	d	59.676	18 33.6	+16 56	174.6	2.05	2	+ 1.5	:	580	zerfließend
			hi	59.520			174.2	1.66	2	+ 0.7	:	580	verblasen
				.566			173.7	1.75	1-3	+ 0.4	:	580	tanzend
				.569			172.9	1.70	1-3	- 0.2	:	580	verschmiert
				.572			173.2	1.68	2	- 0.2	:	580	verschmiert
				59.557			173.5	1.70				4n	
			p	59.520			173.0	1.64	3	+ 0.4	:	580	verblasen
				.566			173.0	1.67	2	+ 0.6	:	580	zitternd
				.569			172.2	1.65	2	- 0.1	:	580	verschmiert
				.572			171.9	---	1-0	0	:	580	Wolken
				.676			173.7	1.80	2	+ 1.4	:	580	zerfließend
				.679			173.2	1.76	2-3	+ 0.6	:	580	verschmiert
				59.597			172.8	1.70				6n	
			p	61.658			171.0	1.65	3	+ 0.6	:	580	verschmiert
				.661			171.9	1.64	2	+ 0.8	:	580	verschmiert
				.664			172.3	1.64	3-4	+ 1.0	:	580	tanzend
				.666			171.1	1.56	3	+ 0.1	:	580	unruhig
				61.662			171.6	1.62				4n	
11529	Σ	2356	d	59.679	18 36.4	+28 39	59.7	1.18	1-2	+ 1.7	:	580	recht brauchbar
				.698			59.9	1.18	3	+ 1.2	..	580	recht sicher
				59.688			59.8	1.18				2n	
			hi	59.679			60.0	1.17	2	+ 1.9	..	580	unruhig
			p	59.679			62.6	0.96	1-2	+ 2.0	:	580	verschmiert
				.698			56.6	0.98	3	+ 1.1	..	580	verschwimmend
				59.688			59.6	0.97				2n	
11661	Σ	2403	d	59.690	18 43.7	+61 00	273.7	1.34	3	+ 1.0	..	580	schwierig
				.698			272.4	1.42	4	+ 1.9	:	580	recht sicher
				.786			269.8	1.52	4-5	+ 2.8	..	580	sehr gut
				59.725			271.1	1.43				3n	
			hi	59.690			271.0	1.29	2	+ 1.4	..	580	verschmiert
				.698			274.6	1.34	3	+ 2.3	..	580	Dunst
				.786			269.8	1.48	4	+ 3.0	:	580	ruhig
				59.725			272.2	1.37				3n	
			p	59.690			269.6	1.10	2	+ 1.5	:	580	tanzend
				.698			267.6	1.20	2-1	+ 2.4	:	580	schwierig
				.786			268.2	1.19	4-5	+ 3.2	:	580	ruhig und gut
				59.725			268.5	1.16				3n	
11811AB	β	137	d	59.676	18 52.2	+37 19	151.3	1.21	3-2	+ 0.3	..	580	brauchbar
			hi	59.569			153.4	1.23	2	+ 0.5	..	580	verschmiert
				.629			151.7	1.37	2	+ 0.5	:	580	verschmiert
				.632			152.0	1.46	3	+ 0.2	:	580	ruhig
				.635			151.2	1.52	3	+ 0.3	..	580	ruhig
				59.616			152.1	1.40				4n	
			p	59.569			152.2	1.33	1	+ 0.7	:	580	verschmiert
				.670			148.6	1.74	2-3	+ 1.1	..	580	zerfließend
				.673			148.9	1.51	2-3	+ 0.4	..	580	ruhig
				.676			147.4	1.71	3-2	- 0.8	..	580	zerfließend
				59.647			149.3	1.57				4n	

ADS	Name	Bb	Ep 1900+	1950.0 α δ	p	s	Bd	t	Auge	Vgr	Bemerkungen
11811AB	β 137	hi	61.716	$18^h52^m.2$ +37°19'	153°.1	1".36	3	+ $2^h.2$	:	580	brauchbar
			.721		145.8	1.38	1	+ 1.4	..	580	tanzend
			.724		151.2	1.36	2-3	+ 1.3	..	580	verwaschen
			61.720		150.0	1.37				3n	
		la	61.669		152.3	1.54	3	+ 1.5	..	580	ruhig
			.716		151.8	1.52	2	+ 2.5	..	580	ruhig
			.721		148.5	1.26	2	+ 1.7	..	580	unsicher
			.724		150.8	1.32	3	+ 1.6	..	580	ruhig
			61.708		150.8	1.41				4n	
		p	61.658		149.0	1.58	3-4	+ 1.0	..	580	ruhig und gut
			.661		152.4	1.37	2	+ 0.3	:	580	verschmiert
			.664		147.7	1.32	3-2	+ 1.2	:	580	tanzend
			.669		148.4	1.64	3-4	+ 1.7	..	580	etwas unruhig
			61.663		149.4	1.48				4n	
11897	Σ 2438	d	59.687	18 56.6 +58 09	8.0	0.69	3	+ 1.2	:	830	brauchbar
			.695		7.6	0.78	1-2	+ 2.1	:	580	verschwimmend
			59.691		7.8	0.74				2n	
		hi	59.561		12.2	0.70	2-3	+ 2.1	:	830	unruhig
			.687		5.9	0.94	3	+ 0.7	:	580	Dunst
			.695		5.9	0.88	2	+ 1.6	:	580	verschmiert
			59.648		8.0	0.84				3n	
		p	59.561		6.1	0.75	3	+ 2.2	..	830	zerfließend
			.670		7.2	0.88	2	+ 1.3	..	1160	zerfließend
			.687		7.9	0.57	3-4	+ 0.9	:	830	verschmiert
			.692		5.9	0.73	3-4	+ 1.0	:	1160	zerfließend
			.695		6.2	0.62	3	+ 1.8	..	580	verschmiert
			59.661		6.7	0.71				5n	
		hi	60.533		7.6	0.70	2-3	+ 0.2	..	830	verschmiert
			.604		7.3	0.67	4	+ 1.6	..	580	ruhig
			60.568		7.4	0.68				2n	
		p	60.533		5.9	0.80	2	+ 0.4	..	830	zitternd
			.697		6.3	0.81	3-4	+ 2.0	..	830	verblasen
			60.615		6.1	0.80				2n	
12113	OΣ 369	p	60.697	19 08.5 +71 55	19.3	0.74	3	+ 2.3	..	830	verblasen
			.733		19.4	0.64	1-2	+ 1.1	:	530	verschmiert
			60.715		19.4	0.69				2n	
12228	Σ 2488	hi	59.520	19 13.3 +19 57	347.0	1.73	2	+ 0.6	:	580	verblasen
			.632		346.6	1.75	2-3	+ 0.7	..	580	Dunst
			.635		346.6	1.79	1-2	+ 0.9	..	580	Dunst
			.638		347.0	1.82	2	+ 0.2	:	580	unruhig
			59.606		346.8	1.77				4n	
		p	59.520		346.7	1.49	3	+ 0.4	:	580	unsicher
			.692		343.8	1.58	4-3	+ 0.3	:	580	verschwindend
			.777		340.1	---	1-0	+ 1.5	:	580	Distanz nicht meßbar
			59.663		343.5	1.54				3n	
12246	Σ 2491	d	59.676	19 14.2 +28 11	223.1	1.47	2	+ 1.4	:	580	verblasen
		hi	59.638		226.1	1.27	2	+ 0.6	:	580	verschmiert
			.657		223.6	1.28	2	+ 0.6	:	580	verschmiert
			.676		224.0	1.31	1-2	+ 1.2	..	580	schwierig
			59.657		224.6	1.29				3n	
		p	59.676		223.3	1.21	1	+ 1.7	:	580	kaum getrennt
12296	Σ 2509	hi	59.682	19 16.4 +63 07	330.0	1.60	2	+ 0.9	..	580	unruhig
			.684		331.9	1.56	2	+ 0.7	:	580	verschmiert
			.744		333.0	1.59	2	+ 1.9	:	580	unruhig
			.747		333.3	1.42	3	+ 1.7	..	580	unruhig
			59.714		332.0	1.54				4n	
		p	59.682		331.1	1.31	2-1	+ 1.1	:	580	bewegt
			.744		330.7	1.35	3	+ 2.1	:	580	unruhig
			59.713		330.9	1.33				2n	
12447	Σ 2525	hi	60.755	19 24.5 +27 13	295.3	1.54	1-0	+ 1.4	:	580	verschmiert
		p	60.697		294.8	1.52	3	+ 2.7	:	580	verblasen
			.703		293.9	1.54	3	0	..	580	wechselnd
			.711		295.0	1.59	3	+ 0.3	..	580	wechselnd
			60.704		294.6	1.55				3n	
		p	61.658		294.3	1.46	3-4	+ 0.9	..	580	ruhig und gut
			.661		294.3	1.74	3	+ 0.4	..	580	verschmiert
			.664		294.6	1.62	3	+ 0.8	..	580	verschmiert
			.666		294.3	1.50	2-3	0	..	580	tanzend
			61.662		294.4	1.58				4n	

ADS	Name	Bb	Ep 1900+	1950.0 α δ	p	s	Bd	t	Auge	Vgr	Bemerkungen
12626	Σ 2553	d	59.687	$19^h32^m.7$ $+61^\circ57'$	$118^\circ.1$	$1''.03$	3-4	$+ 1^h.7$	:	580	brauchbar
		p	59.684		110.9	0.85	3	+ 0.7	:	580	Wolken
			.687		117.5	0.91	3	+ 1.4	:	580	selten getrennt
			.744		114.7	---	1-0	+ 2.3	:	580	Distanz nicht meßbar
			59.705		114.4	0.88				3n	
12667AB	OΣ 377	d	59.673	19 34.4 +35 32	36.6	0.82	3	+ 0.4	:	580	brauchbar
			.690		34.0	0.91	3	+ 1.5	:	580	unsicher
			59.682		35.3	0.86				2n	
		hi	59.690		34.7	0.80	4	+ 1.3	..	580	ruhig und gut
		p	59.673		35.1	0.89	2-1	+ 0.7	:	580	zerfließend
			.690		36.2	0.75	3	+ 1.0	:	580	zerfließend
			59.682		35.6	0.82				2n	
12889AB	Σ 2576	d	60.733	19 43.6 +33 30	206.4	1.26	3-4	+ 1.8	:	580	recht gut
		p	60.733		206.4	1.18	2	+ 1.6	:	580	stark wechselnd
			.785		207.5	1.25	2-3	+ 2.0	:	580	verschmiert
			60.759		207.0	1.22				2n	
		hi	61.710		207.2	1.16	2	+ 0.2	:	580	mittelmäßig
			.727		206.3	1.29	1	+ 1.6	..	580	verwaschen
			61.718		206.8	1.22				2n	
		la	61.710		203.2	1.24	3	+ 0.4	:	580	tanzend
			.716		205.2	1.17	2-3	+ 2.5	..	580	helle Fäden
			.718		206.0	1.18	2	+ 1.3	:	580	helle Fäden
			.727		205.0	1.31	3	+ 0.7	:	580	rotes Feld
			61.718		204.8	1.22				4n	
		p	61.664		203.2	1.23	3-4	+ 0.8	:	580	meist ruhig
			.710		201.5	1.11	2	+ 0.6	:	580	verschmiert
			.716		202.8	1.24	1	+ 2.0	:	580	sehr schwierig
			.718		204.4	1.07	1-2	+ 1.4	:	580	verschmiert
			61.702		203.0	1.16				4n	
12972	OΣ 387	d	59.753	19 46.8 +35 11	207.7	0.61	3-4	+ 2.6	:	1160	recht brauchbar
		hi	59.753		203.6	0.54	4-5	+ 2.2	:	1160	sicher und gut
		p	59.692		204.1	0.45	3	+ 1.0	:	1160	recht gut
			.753		207.6	0.42	4	+ 2.4	:	1160	gut
			59.722		205.8	0.44				2n	
13082	Σ 2596	hi	59.638	19 51.7 +15 10	309.2	2.06	1	+ 0.2	..	580	tanzend
			.657		313.0	2.06	1	+ 0.2	..	580	verschmiert
			.714		310.7	1.98	3	+ 0.1	..	580	Wolken
			.777		312.8	1.75	2	+ 0.4	..	580	tanzend
			.783		310.4	1.88	3	+ 1.7	..	580	ruhig
			59.714		311.2	1.95				5n	
		p	59.714		309.3	2.15	4	+ 1.0	..	580	ruhig
			.777		310.7	2.08	1-2	+ 0.6	..	580	zerfließend
			.783		309.5	1.98	3-4	+ 1.5	..	580	ruhig
			59.758		309.8	2.07				3n	
		la	61.669		310.4	2.20	3-4	+ 1.3	..	580	ruhig
		p	61.658		309.6	1.90	2	+ 1.0	..	580	verschmiert
			.661		307.7	1.92	3	+ 0.2	..	580	unruhig
			.664		308.7	1.99	2	+ 0.9	..	580	tanzend
			.669		308.9	1.82	2	+ 1.5	..	580	verschmiert
			61.663		308.7	1.91				4n	
13178	AC 12	p	61.658	19 55.8 -02 22	306.3	1.23	2-3	+ 0.6	..	580	verschmiert
13277	OΣ 395	p	59.692	19 59.9 +24 48	113.6	0.89	3	+ 1.1	..	1160	zitternd
13750	Σ 2672	d	59.734	20 19.4 +23 36	326.7	---	1-0	+ 0.9	:	580	nur länglich
			.750		320.9	0.64	3-4	+ 1.8	..	830	leicht unscharf
			.753		323.0	0.58	3	+ 2.6	..	830	meist länglich
			59.746		323.5	0.61				3n	
		hi	59.750		321.6	0.65	4	+ 2.0	:	830	ruhig und sicher
			.753		320.3	0.71	4	+ 2.8	..	830	Dunst
			59.752		321.0	0.68				2n	
		p	59.750		319.9	0.79	2-3	+ 1.5	..	830	verschmiert
			.753		317.3	0.81	2-3	+ 2.9	..	830	Nebel
			.783		319.2	---	1-0	+ 1.6	..	830	distanz nicht meßbar
			59.762		318.8	0.80				3n	

ADS	Name		Bb	Ep 1900+	1950.0 α	δ	p	s	Bd	t	Auge	Vgr	Bemerkungen
14233	Σ	2723	d	59.679	$20^h42^m.5$	$+12^\circ08'$	$118^\circ.1$	$1''.39$	3	$+0^h.3$	..	580	blähend
				.742			121.0	1.11	1-2	0	..	830	quallig
				.750			120.0	1.18	4-3	+ 0.7	..	830	flackernd
				59.724			119.7	1.23				3n	
			hi	59.679			117.5	1.17	2-1	+ 0.6	..	580	Dunst
				.747			114.0	1.29	2	+ 0.7	..	580	zerfließend
				.769			113.8	1.16	2-1	+ 0.9	..	580	verschmiert
				59.732			115.1	1.21				3n	
			p	59.679			115.3	1.22	2-3	+ 0.8	..	580	verschmiert
				.747			114.6	1.22	3-2	+ 0.5	..	580	zerfließend
				.750			117.5	1.08	3-4	+ 0.9	..	830	zerfließend
				.766			115.2	1.22	1-0	+ 1.1	..	580	kaum getrennt
				59.736			115.6	1.18				4n	
			hi	61.732			119.6	1.16	1-2	- 0.2	..	580	zerfließend
				.762			121.8	1.20	3	+ 0.2	..	580	unruhig
				.776			113.4	1.12	4-3	+ 0.6	..	580	ruhig
				61.757			118.3	1.16				3n	
			la	61.732			118.4	1.13	2-3	+ 0.1	..	580	schwierig
				.776			115.8	1.26	4	+ 0.7	..	580	ruhig
				61.754			117.1	1.20				2n	
			p	61.658			117.5	1.37	3-4	+ 0.9	..	580	verschmiert
				.661			117.0	---	1-0	- 0.4	..	580	Distanz nicht meßbar
				.732			121.1	0.98	3	- 0.5	:	580	zerfließend
				.776			117.4	1.23	3-4	+ 0.9	..	580	zerfließend
				61.707			118.2	1.19				4n	
14360AB	Σ	2729	p	60.733	20 48.8	-05 49	6.8	---	1-0	- 0.2	:	580	stark verschmiert
14558	Σ	2746	d	59.673	20 59.9	+39 04	309.1	1.22	2-3	0	..	580	leicht
				.687			311.4	1.22	4	+ 0.8	..	580	Schlieren
				59.680			310.2	1.22				2n	
			hi	59.673			310.6	1.20	2-3	- 0.2	:	580	zerfließend
				.679			313.7	1.24	2-3	+ 0.8	..	580	zerfließend
				.682			311.0	1.23	1	+ 0.2	..	580	unruhig
				.687			307.8	1.16	3-2	+ 0.5	..	580	Dunst
				59.680			310.8	1.21				4n	
			p	59.673			309.6	1.41	3	+ 0.2	..	580	zerfließend
				.679			309.6	1.30	3	+ 0.9	..	580	zerfließend
				.682			308.8	1.32	1-0	+ 0.4	..	580	kaum getrennt
				.687			310.5	1.17	4	+ 0.6	..	580	Dunst
				59.680			309.6	1.30				4n	
			d	60.733			310.1	1.02	4-2	+ 1.3	..	580	brauchbar
				.760			311.9	1.09	2	+ 1.9	..	580	brauchbar
				60.746			311.0	1.06				2n	
			p	60.733			309.2	1.00	3-4	+ 1.1	..	580	ruhig und gut
			hi	61.710			307.7	1.23	1	+ 0.1	:	580	verwaschen
				.732			310.0	1.20	3-2	+ 0.3	:	580	brauchbar
				.762			311.6	1.14	3-2	+ 0.2	..	580	unruhig
				.776			310.1	1.13	3	+ 0.9	..	580	ruhig
				61.745			309.8	1.18				4n	
			la	61.732			312.4	1.12	3	+ 0.4	..	580	Dunst
				.776			310.1	1.09	4	+ 1.0	..	580	ruhig
				.790			311.1	1.09	2-3	+ 1.4	..	580	schwierig
				61.766			311.2	1.10				3n	
			p	61.658			309.4	1.23	3-4	+ 0.4	..	580	ruhig
				.732			311.0	1.06	3	+ 0.1	..	580	zerfließend
				.776			311.6	1.41	3	+ 1.3	..	580	zerfließend
				.779			310.9	---	1-0	+ 1.4	..	580	Distanz nicht meßbar
				.790			310.9	1.09	2-3	+ 1.6	..	580	verschmiert
				61.747			310.8	1.20				5n	
14573AB	Σ	2744	hi	61.732	21 00.5	+01 20	136.7	1.42	3-2	+ 0.9	:	580	brauchbar
			la	61.732			136.0	1.37	3	+ 1.0	..	580	unruhig
			p	61.658			135.4	1.40	3-4	+ 0.8	..	580	verschmiert
				.661			135.6	1.55	1	- 0.1	..	580	kaum getrennt
				.732			136.3	1.48	3	+ 0.7	..	580	verschmiert
				61.684			135.8	1.48				3n	
14783	HI	48	d	59.673	21 12.7	+64 12	245.6	0.97	4	+ 0.4	..	580	tanzend
				.690			248.8	0.93	2-3	+ 0.6	..	580	verblasen
				.698			243.5	0.99	1	+ 1.1	..	580	verschwimmend
				59.687			246.0	0.96				3n	

ADS	Name	Bb	Ep 1900+	1950.0 α δ	p	s	Bd	t	Auge	Vgr	Bemerkungen
14783	HI 48	hi	59.673	$21^h12^m.7$ $+64°12'$	246°.3	1".12	3	+ $0^h.6$	..	580	brauchbar
			.690		251.4	0.97	3	+ 0.2	..	580	Dunst
			.698		243.7	0.91	3	+ 1.0	:	580	Dunst
			59.687		247.1	1.00				3n	
		p	59.673		247.8	0.99	3-4	+ 0.7	..	580	etwas unruhig
			.679		247.6	0.93	3	+ 1.6	..	580	zitternd
			.690		247.4	0.94	3	+ 0.4	..	580	verschmiert
			.698		245.4	0.98	2	+ 1.3	..	580	Dunst
			59.685		247.0	0.96				4n	
14787AB	AGC 13	d	59.786	21 12.8 +37 49	238.3	1.00	4-3	+ 1.3	:	830	brauchbar
		hi	59.786		239.0	0.87	4	+ 1.5	:	830	schwierig
		p	59.786		236.6	0.64	3-4	+ 1.0	:	830	ruhig
15007	Σ 2799	d	59.739	21 26.4 +10 52	277.1	1.40	1	+ 0.7	..	580	schwierig
			.742		276.1	1.80	3	+ 0.3	..	580	verblasen
			59.740		276.6	1.60				2n	
		hi	61.716		275.3	1.53	3	+ 1.1	..	580	unruhig
			.718		275.3	1.62	2-1	0	..	580	tanzend
			.724		275.0	1.68	3	- 0.3	..	580	unruhig
			61.719		275.2	1.61				3n	
		la	61.669		277.3	1.64	4	+ 0.1	..	580	
			.716		276.7	1.61	2-3	+ 1.5	..	580	
			.718		273.7	1.61	2-3	+ 0.3	..	580	
			.724		276.3	1.55	2-3	0	..	580	unruhig
			61.707		276.0	1.60				4n	
		p	61.669		276.3	1.66	3-4	+ 0.3	..	580	ruhig
			.716		274.8	1.69	1-2	+ 1.2	..	580	unruhig
			.718		274.4	1.46	2-3	+ 0.4	..	580	tanzend
			.724		275.6	1.90	2	- 0.5	..	580	verschmiert
			61.707		275.3	1.68				4n	
15270AB	Σ 2822	d	59.687	21 41.9 +28 31	280.5	1.73	4-5	- 0.3	..	580	sicher
			.690		280.4	1.57	1-2	+ 0.7	..	580	zerfließend
			.698		280.8	1.87	3-2	+ 0.3	..	580	verblasen
			59.692		280.6	1.72				3n	
		hi	59.676		281.8	1.58	2	- 0.2	..	580	tanzend
			.687		282.4	1.56	3	- 0.6	..	580	Dunst
			.690		284.6	1.53	2	+ 0.3	..	580	verblasen
			.698		282.6	1.62	3	- 0.1	..	580	Dunst
			59.688		282.8	1.57				4n	
		p	59.676		282.0	1.52	3-2	- 0.1	..	580	zerfließend
			.687		282.1	1.41	3-4	+ 0.3	..	580	gut
			.690		281.8	1.60	2	+ 0.5	..	580	verblasen
			.698		281.3	1.61	3-1	+ 0.1	..	580	verblasen
			59.688		281.8	1.54				4n	
		hi	61.776		285.5	1.79	3	+ 1.4	..	580	unruhig
			.787		283.7	1.63	2	+ 0.5	..	580	unruhig
			.790		284.7	1.60	4	0	..	580	Dunst
			61.784		284.6	1.67				3n	
		la	61.669		284.2	1.65	3-4	+ 0.6	..	580	unruhig
			.776		287.1	1.58	3-4	+ 1.5	..	580	strahlend
			.787		284.9	1.60	2-3	+ 0.7	..	580	strahlend
			.790		283.5	1.67	2-3	+ 0.2	..	580	unruhig
			61.756		284.9	1.62				4n	
		p	61.658		284.3	1.59	3	+ 0.4	..	580	Dunst
			.669		283.2	1.55	3-4	+ 0.6	..	580	zerfließend
			.776		284.7	1.62	3-4	+ 1.6	..	580	strahlend
			.787		283.1	1.57	3	+ 1.8	..	580	strahlend
			.790		283.9	1.54	3	+ 0.4	..	580	strahlend
			61.736		283.8	1.57				5n	
15373AB	Ho 467	d	59.750	21 48.3 +22 01	209.2	2.26	2-3	+ 1.0	:	830	sehr schwierig
			.786		208.9	---	2	+ 1.2	:	580	Distanz nicht meßbar
			59.768		209.0	2.26				2n	
		p	59.747		209.8	1.98	3	- 0.1	:	580	schwierig
			.750		206.4	1.83	3-4	+ 1.3	:	580	schwierig
			59.748		208.1	1.90				2n	
15407AB	Σ 2843	d	59.687	21 50.4 +65 31	145.6	1.78	4	+ 1.3	:	580	recht gut

ADS	Name	Bb	Ep 1900+	1950.0 α δ	p	s	Bd	t	Auge	Vgr	Bemerkungen
15407AB	Σ 2843	hi	59.673	$21^{h}50^{m}.4$ $+65^{\circ}31'$	$145^{\circ}.6$	$1''.80$	4	$+ 0^{h}.3$	..	580	zerfließend
			.676		146.3	1.30	3	+ 0.1	:	580	tanzend
			.679		142.7	1.86	3	+ 0.4	:	580	zerfließend
			.687		145.2	1.76	4	+ 1.5	..	580	ruhig
			59.679		145.0	1.68				4n	
		p	59.673		142.0	1.65	3-4	+ 0.5	..	580	zerfließend
			.676		142.1	1.71	2-3	+ 0.3	..	580	zerfließend
			.679		141.5	1.69	4	+ 0.5	..	580	gut und sicher
			.687		143.5	1.63	5	+ 1.7	..	580	ausgezeichnet
			59.679		142.3	1.67				4n	
		d	60.733		146.2	1.76	3	+ 1.2	:	580	unruhig
		hi	60.755		144.0	1.59	1	+ 0.4	:	580	verschmiert
		p	60.697		144.0	1.51	3-2	+ 0.8	:	580	strahlend
			.722		142.4	1.67	2	- 0.1	..	580	verschmiert
			.733		144.3	1.58	3	+ 1.4	:	580	zitternd
			.755		143.9	1.60	1-0	+ 0.2	..	580	verschmiert
			60.727		143.6	1.59				4n	
		hi	61.718		144.3	1.53	3	+ 0.5	..	580	tanzend
			.724		145.7	1.66	3-2	+ 0.3	:	580	unruhig
			.732		144.9	1.53	4-3	+ 0.9	:	580	ruhig
			.776		146.2	1.58	3	+ 0.7	:	580	unruhig
			61.738		145.3	1.58				4n	
		la	61.718		148.3	1.35	3	+ 0.7	:	580	tanzend
			.724		144.9	1.69	3	+ 0.5	..	580	unruhig
			.732		146.1	1.59	3	+ 1.0	:	580	verschmiert
			.776		148.5	1.57	4	+ 0.8	:	580	ruhig
			61.738		147.0	1.55				4n	
		p	61.718		144.6	1.47	3	+ 1.0	:	580	tanzend
			.724		145.0	1.72	2-3	+ 0.1	:	580	verschmiert
			.732		145.3	1.57	3	+ 0.7	:	580	zerfließend
			.776		144.1	1.60	3	+ 1.0	:	580	etwas unruhig
			61.738		144.8	1.59				4n	
15767AB	Σ 2878	d	59.742	22 12.0 +07 44	127.4	1.52	3-2	+ 0.2	..	580	brauchbar
			.772		125.0	1.39	1-0	+ 0.9	..	580	nicht getrennt
			59.757		126.2	1.46				2n	
		hi	59.747		114.6	1.42	2	- 0.1	..	580	zerfließend
			.769		117.7	1.32	2	+ 0.3	..	580	Dunst
			.772		117.3	1.33	1	+ 0.4	..	580	selten getrennt
			.777		119.7	1.40	2	- 0.3	..	580	verschmiert
			59.766		117.3	1.37				4n	
		p	59.747		120.2	1.25	2	+ 0.2	..	580	verschmiert
			.769		119.6	1.37	0-1	+ 0.5	..	580	kaum getrennt
			.772		121.2	1.45	0-1	+ 0.6	..	580	unruhig
			.777		119.4	1.40	1-2	- 0.2	..	580	zerfließend
			59.766		120.1	1.37				4n	
15769	Σ 2881	d	59.742	22 12.3 +29 20	84.2	1.34	3-2	+ 1.0	..	580	gut
		hi	59.744		86.8	1.39	2	0	..	580	kaum getrennt
		p	59.744		83.4	1.34	2	+ 0.2	..	580	zerfließend
		d	60.785		83.2	1.35	2	+ 0.5	..	580	verblasen
		hi	60.850		88.3	1.20	3	+ 1.3	..	580	Dunst
			.853		86.1	1.21	2-1	+ 1.2	..	580	unruhig
			60.852		87.2	1.20				2n	
		p	60.722		82.9	1.38	2	- 0.1	..	580	verschmiert
			.733		84.3	1.31	3	+ 1.5	..	580	zitternd
			.785		87.5	1.47	2-1	+ 0.2	:	580	verschmiert
			.850		84.8	---	1-0	+ 1.5	..	580	Wolken
			.853		84.7	1.20	2	+ 1.0	..	580	verblasen
			60.789		84.8	1.34				5n	
		hi	61.718		85.9	1.30	3-2	+ 0.9	..	580	unruhig
			.724		85.3	1.69	2	+ 0.5	..	580	unruhig
			.732		84.0	1.49	4	+ 1.0	..	580	gut
			.776		90.6	1.20	4-3	+ 1.4	..	580	ruhig
			61.738		86.4	1.42				4n	
		la	61.718		86.8	1.37	2-3	+ 1.1	..	580	verschmiert
			.724		88.6	1.64	2-3	+ 0.7	..	580	unruhig
			.732		87.5	1.45	3	+ 1.2	..	580	ruhig
			.776		87.8	1.34	4	+ 1.5	..	580	ruhig
			61.738		87.7	1.45				4n	
		p	61.718		83.0	1.49	1	+ 1.2	..	580	verschmiert
			.724		84.0	1.67	2-3	+ 0.4	..	580	zerfließend
			.732		83.3	1.52	3-4	+ 0.8	..	580	zerfließend
			.776		85.6	1.44	3-4	+ 1.7	..	580	ruhig
			61.738		84.0	1.53				4n	

ADS	Name	Bb	Ep 1900+	1950.0 α δ	p	s	Bd	t	Auge	Vgr	Bemerkungen
16037AB	Ho 475	p	60.785	$22^h30^m.4$ +26°09'	314°.4	1".07	1	+ $0^h.6$	..	580	unsicher
		hi	61.732		313.1	0.93	3-2	+ 1.2	:	580	brauchbar
		la	61.732		313.5	0.96	2-3	+ 1.3	..	580	Dunst
		p	61.732		313.6	0.92	2-3	+ 1.0	..	580	schwierig
16317AB	Σ 2950	hi	59.673	22 49.4 +61 25	293.0	1.69	4	+ 0.2	..	580	unruhig
			.747		295.8	1.89	2-3	+ 0.1	..	580	verschmiert
			.750		297.9	1.44	3	+ 0.8	..	580	zerfließend
			59.723		295.6	1.68				3n	
		p	59.673		294.9	1.68	2-3	+ 0.3	..	580	quallig
			.676		294.3	1.73	3	+ 0.2	..	580	zitternd
			.747		294.6	1.72	2-3	+ 0.2	..	580	verschmiert
			.750		293.0	1.60	3-2	+ 0.9	..	580	zerfließend
			59.712		294.2	1.68				4n	
16435	Hn 56	d	59.753	22 57.4 +41 33	102.5	0.97	3-2	+ 0.6	..	830	brauchbar
			.786		102.3	1.07	2	+ 0.5	..	580	verblasen
			59.770		102.4	1.02				2n	
		hi	59.747		104.6	0.95	3	+ 0.8	..	580	ruhig
			.750		103.6	1.10	3-4	+ 1.1	..	580	gut
			.753		103.8	---	3-4	+ 0.8	..	830	Dunst
			.786		102.9	1.03	4	+ 0.3	..	580	ruhig und gut
			59.759		103.7	1.03				4n	
		p	59.747		102.7	1.12	3-4	+ 0.9	..	580	zerfließend
			.750		102.9	1.03	4	+ 1.2	..	580	gut
			.753		102.0	1.29	2	+ 0.9	..	830	verschmiert
			.786		101.9	1.14	4-2	+ 0.6	..	580	verblasen
			59.759		102.4	1.14				4n	
16649AB	β 79	p	59.747	23 15.0 -01 48	35.0	1.05	3	+ 0.2	:	580	schwierig
17022AB	OΣ 508	hi	59.887	23 46.4 +61 57	195.2	1.40	2	+ 0.4	:	580	tanzend
		p	59.884		198.1	1.66	2-3	+ 0.5	:	580	verschmiert
			.887		197.6	1.42	2-1	+ 0.6	..	580	verschmiert
			.911		195.5	1.46	1-0	+ 0.3	:	580	verblasen
			59.894		197.1	1.51				3n	
		p	60.018		191.2	1.58	1-2	+ 3.6	..	580	zerplatzend
17149	Σ 3050	d	59.753	23 56.9 +33 27	276.0	1.61	2-1	+ 0.2	..	830	sehr unruhig
			.786		274.4	1.61	2-1		..	580	zitternd
			59.770		275.2	1.61				2n	
		hi	59.783		279.3	1.92	2	- 0.9	..	580	ruhig
			.788		276.9	1.68	2-3	- 0.7	..	580	verschmiert
			.791		276.0	1.67	1-2	- 1.3	..	580	unruhig
			.794		275.0	1.71	2	- 1.5	..	580	tanzend
			59.789		276.8	1.74				4n	
		p	59.753		275.7	1.59	2-1	+ 0.4	..	580	zerfließend
			.783		276.6	1.54	3-2	- 0.8	..	580	verschmiert
			.786		277.0	1.66	2	+ 0.2	..	580	verschwimmend
			.788		276.0	1.77	2	- 0.9	..	580	verschmiert
			.791		276.8	1.64	2	- 1.2	..	580	tanzend
			.794		277.0	1.67	1-2	- 1.3	..	580	verschmiert
			59.782		276.5	1.64				6n	
		hi	60.853		279.9	1.58	1-2	+ 0.2	..	580	unruhig
			.859		278.3	1.58	2-1	+ 0.2	..	580	verblasen
			.862		278.4	1.55	2	- 0.3	..	580	Dunst
			.867		278.1	1.55	2-3	+ 0.1	..	580	unruhig
			60.860		278.7	1.56				4n	
		p	60.722		277.7	1.51	2	- 1.5	..	580	verschmiert
			.733		277.9	1.47	3-4	0	..	580	sprühend
			.853		279.2	1.68	1-2	+ 0.4	..	580	verblasen
			.859		278.4	1.56	1-2	- 0.1	..	580	verblasen
			60.792		278.3	1.56				4n	
		hi	61.724		280.9	1.65	2	- 0.7	..	580	unruhig
			.776		280.4	1.38	4	+ 0.2	..	580	ruhig
			.790		284.0	1.50	4-3	- 0.6	..	580	Dunst
			.828		280.5	1.60	3-1	- 0.3	..	580	wechselnd
			61.780		281.4	1.53				4n	

ADS	Name	Bb	Ep 1900+	1950.0 α δ	p	s	Bd	t	Auge	Vgr	Bemerkungen
17149	Σ 3050	1a	61.724	$23^h56^m.9$ $+33°27'$	281°.5	1".70	3	$-0^h.5$	..	580	etwas unruhig
			.776		280.8	1.43	3-4	+ 0.4	..	580	etwas unruhig
			.790		281.1	1.46	2-3	- 0.4	..	580	unruhig
			.828		280.4	1.64	3	- 0.1	..	580	ruhig
			61.780		281.0	1.56				4n	
		p	61.724		279.4	1.78	3	- 0.6	..	580	etwas unruhig
			.776		281.0	1.67	3-4	+ 0.5	..	580	etwas unruhig
			.790		280.5	1.48	4	- 0.2	..	580	Dunst
			.828		280.5	1.49	2	0	..	580	wechselnd
			61.780		280.4	1.60				4n	

FSC
www.fsc.org
MIX
Papier | Fördert gute Waldnutzung
FSC® C083411

Zeitfracht Medien GmbH
Ferdinand-Jühlke-Straße 7
99095 Erfurt, Deutschland
produktsicherheit@kolibri360.de